選 3 哲學

聚焦 3 件事，解決工作生活兩難，
搞定你的超載人生

蘭蒂・祖克柏 Randi Zuckerberg

Pick Three

You Can Have It All (Just Not Every Day)

推薦序

我是職場媽媽，我需要放自己一馬

張瀞仁（Give2Asia亞太經理、《安靜是種超能力》作者）

身為能量有限的內向者，同時是管理二十五個國家的職場媽媽，頻繁地出差、經常性跨十幾個時區的會議、還要處理每天晚餐、小孩的萬聖節裝扮、校外教學便當、腸胃炎……我曾經想要證明只要努力，我可以「have it all」。但我錯了，我不僅累翻，生活和工作品質都受到影響，幾乎變「have nothing at all」。

內向者有很多不同的樣貌，蘭蒂．祖克柏就是最勇往直前那種。她是馬克．祖克柏的姊姊，當大家對科技新貴的生活趨之若鶩時，她頂著矽谷最響亮的姓氏毅然離開，因為她不希望工作占據人生全部。但她創業，繼續熱愛工作，認同如果去掉工作，她的生活將變得貧乏。她從小夢想當百老匯演員，所以不顧專業顧問的反對和影響到職涯的風險，滿心歡喜地接下音樂劇中的小角色。

這樣聰明的人，知道時間與能量有限，知道有些機會或夢想不能等，所以會義無反顧地照自己的方式前進。反之，對很不好意思拒絕任何人、事、物的我來說，這本書帶來最大的啟發，在於「沒關係」三個字。不擅長的工作，可以交給別人沒關係；事情太多的話，刪掉一些沒關係；某些時刻比不上別人，沒關係；不用任何事情都要求完美，沒關係。

如果外向者的能量是光芒四射的太陽，那內向者的能量就像雷射光束般精準而集中。除此之外，內向者的確需要比較多時間來做事前準備，和事後恢復能量。蘭蒂這套「選三哲學」就是系統化之後的執行策略，無論對身兼多職的職場人士、或取捨能力直接影響到表現的內向工作者來說，都是直觀、可行、容易追蹤的方法。當然，每個人狀況不一樣，我如果像她一樣看完百老匯音樂劇後還在爵士酒吧待到凌晨，應該需要連續補眠三天。

寫這篇序文的同時，我的待辦清單上還有二十幾項重要或緊急的工作任務，張牙舞爪地想要爭取我的注意力。小孩玩過的玩具還散落在客廳角落，運動服裝和裝備軟軟地躺著，好像已經對我失去期望……但那又如何呢，我有了一夜好眠（睡覺），早上和女兒共進早餐，還和媽媽有了難得的咖啡時光（家人），現在正喝著肉桂拿鐵、搭配隨熱氣逐漸柔軟的荷蘭煎餅，勢如破竹地一一解決跨國會議、二十五國的年度績效評估，以及接踵而來的演講邀約與推薦（工作）。

謝謝蘭蒂，這樣的原則太適合我這種不擅拒絕又內向的職場媽媽了！

推薦序

終於有人講出良心話了

黃大米（暢銷作家）

我為什麼挑上這本書，因為這三個字「祖克柏」，你一定也對這姓氏很眼熟，主因應該是臉書的創辦人馬克．祖克柏吧！

沒錯，本書作者蘭蒂．祖克柏正是他姊姊，我是抱著看名人家族八卦的心情打開這本書，結果什麼肥皂劇都沒看到，卻得到心靈上的救贖。有一種黃鼠狼不安好心的想去偷點東西，卻遇到好心員外大方開糧倉，要黃鼠狼盡情吃飽的感覺，大大賺到。

在本書中，最打動人心的話是，「完美平衡」是個陷阱，作者並不推崇。人生的完美是什麼？我們都渴望能工作、生活、家人、健康通通兼顧，每一顆球都漂亮的拋接，彈跳有序。可惜，事與願違，太想要接好每一顆球，往往落得球不斷滾落地，我們狼狽地四處撿拾，慌張地在人生舞台上，對家人、對朋友、對主管、對同事，尷尬說對不起，但我們真的已經拚命努力了不是嗎？為什麼這麼努力，卻還做不到面面俱到，多令人沮喪啊！

別哀傷了，本書的作者蘭蒂．祖克柏是你的救星。她與我們一樣，是個愛家、愛孩子、愛朋友的人。她事業有成，因此常常被問到，如何在工作與家庭如何平衡？有天，當她又被問起時，她坦然地說：「兩者無法兼顧。」這答案真的是太帥了，終於有人講出良心話，怎麼可能兼顧啦！每個人一天就是二十四小時，你把時間花在工作多一點，陪家人的時間就少一點，這數學題，小學生都會，但這個社會就是要把女生當超人，每一個角色都要處處做好、做滿，才算是真正的成功，真是太強人所難，真是夠了！

蘭蒂．祖克柏決定過「不平衡的人生」，把人生切成五大元素，分別是「工作」、「睡眠」、「家庭」、「朋友」、「運動」，每天只能在這五大項中，選出三項，只做好這三項，其他兩項直接放棄，隔天再另挑三項，在看似不平衡中，每天做好三件事，毫無愧疚地過好每一天。這是全書的核心精神，看了後會讓你覺得紓壓，因為你再也無須完美，可以徹底從自我的苛責中解放。

這本書好看的地方不僅如此，愈翻看到後面，愈精彩。不論你是「工作狂」或者為了家庭犧牲一切的「好媽媽」，都可以在書中找到自己的故事，看著與你有同樣選擇難題的人，如何去思考，如何去做選擇，甚至如何去重回到職場。

這本書具有心靈療癒的功能，也是一本工具書，尤其適合想回到工作崗位的媽媽閱讀，書中教你如何重新回到職場；或是讓你在家帶小孩時，也能有與工作和社會不脫節的方法。

舉例來說，一個媽媽如果在履歷表中，寫著擔任過家長會委員，履歷會直接被丟進去垃圾桶，但如果你寫出曾經幫學校募款多少錢，這樣的能力，就會被企業激賞，因為這是每個企業都需要的人才。書裡面有很多這樣很實用的小故事，讓你能找到新的角度，把自己的價值，詮釋或者行銷得更好。

至於我是哪一種人呢？我是標準的工作狂，好強、不服輸、深信努力會成功，對組織任務使命必達，在工作成就感中找到人生的意義，但也在夜深人靜，或者身心俱疲時，問自己為何要這樣拚命工作？

為工作犧牲了與家人的相處、朋友的聚會、身體的健康，真的值得嗎？當然不值得，但我無法改變。我在巨大的工作壓力中，得到成就感；我曾經為此對家人深感內疚，狂用金錢和物質的給予，去填補那無法到場的陪伴。直到有天，我的身體亮出紅燈，才讓工作狂的人生，被迫按下休止符。

生病是一場祝福，讓我重新審視我的人生排序，我把健康排到第一，只是三不五時，昔日的舊愛「工作」還是會把健康推擠出去。對於自己學不會教訓，我有點哭笑不得，透過閱讀這本書，提醒自己每天只做三項目標，不論是「工作」、「睡眠」、「運動」，還是「家庭」、「運動」、「睡眠」，不再期待自己當面面俱到的超人，放自己一馬，接受不完美是最好的狀態。如果你想問我，「工作」是否已經在我日常的選項中比重變低，不好意思喔，改革的路沒有這樣快，閱讀是幫助你了解自己的問題，給了你一個改變的方向，不是仙丹妙藥，能立刻見效，但至少是個開始，有開始就有抵達的一天，不是嗎？

推薦序

成功的反面不是失敗，而是……

謝文憲（知名講師、作家、主持人）

編輯寄給我書稿，我搶著告訴她們：「我願意推薦」。原因無他，「作者的想法與我不謀而合」。本書的中心思想，和我的前一本書《人生沒有平衡，只有取捨》，簡直是心有靈犀一點通。

在講本書的主要論述前，先讓我提一件事。

我在外商服務六年，澳洲籍的老闆不遺餘力地貫徹外商中心思想「工作生活平衡」（work life balance）給我們這群亞洲的辛勤工作者，事實上，這不但不可能做到，而且違反人性。或許你會說：「這是人生終極目標啊！」但我會回你：「別自欺欺人了。」

「寧鳴而死，不默而生」是我貫徹的理念；「人生短短幾個秋，不醉不罷休」是台灣近期最火紅的一句歌詞，這兩句話都同樣地告訴大家：「成功的反面不是失敗，而是平庸，或是沒有認真活過。」

失敗本身已經距離成功很接近了，而成功的反面，卻是連嘗試都不敢的「平庸」。翻開本書的前幾十頁，就已經破題點出本書最精華的部分了。

我二十二歲出社會工作至今二十八年，一路歷經求職、戀愛、結婚、轉換跑道、升職、加薪、挫折、不斷獲取獎項、創業、兩岸講課奔波、成功與失敗、寫作出版、媒體歷練、體力下滑……再再印證作者與我的想法一致，人生每個階段只要專注在兩三個值得聚焦的重點上，不要想著平衡人生，因為這麼做不切實際。

什麼是「選三哲學」？講這個之前，再讓我岔題一次。

女生買衣服，是我最喜歡觀察的購物行為。

櫃台服務人員如果沒有策略性的挑了一堆衣服給女生試穿，或是僅有一兩種選擇，女生都會覺得眼花撩亂或是選項單薄，此時心理學上所說的「極端性迴避」，就能解釋行銷學上所提「三的概念」。

「三」是不多不少的中間值選擇，書中也提到若你只專注做一件事，或是想要一把抓，把四五件事情通通做好，都有可能讓人陷入焦慮或是過分專注導致壓力極大的窘境，造成不太健康的結果。甚或是簡報技巧上常用的三個重點或是三個大綱，其實都是類似的應用。

《選三哲學》這本書，非常適合在時間管理上捉襟見肘，或是在生活與工作力求平衡的朋友閱讀，您會在這本書上，找到生活既成功又璀璨的完美解方。

前言

很榮幸能看到本來就很棒的你變得更加快樂、專注，甚至更厲害。因為「選三哲學」徹底改造了我的人生，所以我非常興奮想將這方法分享給你。與其想讓每件事情都做得完美（然後悲慘地崩潰），不如讓自己每天專注在少數幾件事情上。我也因此重新定義了成功和快樂，並且放下多年來的愧疚感。現在，我每天早上醒來會看著鏡子說：「工作、睡眠、家庭、朋友、運動，就選三項。」相信我，這樣真的有效！繼續讀下去，你就會知道這是怎麼辦到的。

我也很想聽聽你是如何只選三件事。你可以貼文到社群媒體，加上「#pickthree」字樣，或是標註我 @randizuckerberg，讓我了解你對自己有什麼了解，你傾向的選擇是哪些，以及你想改善的是什麼。這些行動能讓我們自己選擇與承擔，去追求完美的不平衡。

等等，什麼是「完美的不平衡」!?

請繼續看下去……

選3哲學

聚焦3件事，解決工作生活兩難
搞定你的超載人生

目錄

第二章 我的重要五件事，現在就行動！ 51

序曲

與其無聊而終，我寧願熱情而死。

——文森．梵谷（Vincent Van Gogh）

今年我對自己發誓，不要再對任何事感到內疚了，無論是不夠完美的表現，身材有缺點或衣櫃乏善可陳，吃太多麩質食物或喝太多咖啡，所作的投資或冒險嘗試的事業無法順利發展，沒有回覆每一封郵件，或自認不是個完美的母親、妻子或朋友（光是寫出這些不必要的內疚就快累死我了）。

每當我靜下來一想，到底為什麼浪費這麼多寶貴時間在抱歉，才發現這種心態是來自於一股想要同時擁有一切、做到每件事、扮演所有角色的強大壓力。無論你是學生、父母、老闆、員工、配偶、運動員、藝術家、被朋友需要的人、創業者，或是有好幾條斜槓的人才，你都不可能為每一個人做到每一件事。我們向來接收到的訊息是，每件事都要表現得夠優秀，才能在人生的每個面向，達到卓越且理想程度的平衡。

我寫這本書就是要戳破這個泡泡。我認為「達到完美平衡」這個觀念，就像你要蘇格蘭人跳愛爾蘭吉格舞一樣不搭嘎。我認為，努力達成平衡是很糟糕的，這會引來三個問題：失敗、不合理的期望，還有更糟的是——平庸。太可怕了。

面對你所愛的人、你的熱情所在、你想完成的事，不應該受限於如何保持平衡狀態，因為，我們得面對現實：用二十四小時努力做到一切，這樣的你很難達到任何重大成就或傑出表現，光是壓力就夠受的。

說到擁有一切，雖然我信奉的人生哲學是「愈多愈好」，但很抱歉，「所有一切」不見得比較好。你去過拉斯維加斯二十四小時營業的吃到飽餐廳嗎？在凌晨三點鐘吃了十份餐點之後，你還會覺得「擁有一切」是個好的人生決定嗎？

不管你想在哪方面追求卓越，無論是事業、家庭、個人興趣、運動目標、某個特定計畫、社交生活……任何事都好！你必須排好優先順序，一次又一次、一次又一次去做才行。

平衡？哈！我的成功理論可不是這樣。

不平衡的人生

「不平衡」這想法第一次出現於我的生命中，是在我申請大學時。紐約的賀瑞斯曼恩高中是個高度競爭的學校，我則是充滿企圖心的積極學生，就和每個紐約升學的高中學生一樣，我認為人生的頂點就是進入哈佛大學。至於壓力，誰說得出口？

然而，問題是，我壓根不是那種看起來像是會進哈佛的典型。高中時我有兩個學科要重修，學術能力測驗的分數也不漂亮，也不是學生組織會長之類的人物。我還沒去非營利組織當義工，也沒在某個名號響亮的公司實習。我完全沒有人脈或背景。可是，我是個戲劇狂熱者。長春藤聯盟注意囉，本人唱唱跳跳地來了！

從小到大，我一直都在唱歌演戲，以任何可能的方式。我暑假時都和業餘的歌劇劇團巡迴，而且一年演出好幾齣戲。我利用去林肯中心彩排歌劇的機會，自己做了一份獨立研究，學期作業也根據這份研究來寫。我選修音樂理論作為大學先修課程，而不是選微積分；高三時放棄科學課程，專注在音樂課程上。我的夢想是在百老匯擔任表演工作；如果不能圓夢，那就在百老匯做管理工作。

家人十分支持我和我的人生規劃，但我不太確定有誰相信我能進入哈佛。高中裡的升學輔導老師問我媽，哪個大學是我的第一志願，她很不好意思低下頭說是哈佛，覺得這根本就是最不合理的選項，我哪可能申請得上。不過她還是鼓勵我完成夢想，帶我去參加校園導覽，我當然就愛上這個學校了。哈佛有殖民時代的建築，有悠久傳統及歷史，總之，我就是超想去那。

當時我們與一位入學審核人員會談，她說了一句話，讓我一直以來都牢牢記著。而這本書的基礎，就是建立在這位面試官說所說的一席話上。「蘭蒂，哈佛要找的人有兩種。一種是各方面平衡發展，另一種是著重於某個領域的人。平衡發展的學生是年級的骨幹，但是，讓這個年級變得非常有趣的，卻是投入某個領域發光發熱的人。」

當時我心想，「我的天，那不就是我嗎？我就是有所取捨的人啊！」時間快轉到九個月之後，我收到一封厚厚的、蓋著哈佛戳章的信，裡面是我的二〇〇三年入學通知書。這是我首次進入「不平衡」的世界，從那時開始我就決定，人生要適當地投入某個領域，而且我不只把它當成座右銘，還要把這個策略帶給我的智慧與知識，傳出去給其他人。

當年那個坐在入學辦公室、瞪大眼睛的熱切高中生，就從那一刻決定追隨自己的熱情，成為一個有意思的人，以最棒的方式全心全意投入人生，活在我所愛的夢想中。

從高等學府畢業後踏入社會，我知道自己得找出一個辦法來兼顧各項不同的任務，這可沒有什麼應用程式能辦到。我個人的興趣一堆，工作壓力又大，先生和我還正準備要生養小孩。壓力把我壓垮了，我當時心想，我要臣服於壓力，放棄一些最愛，例如運動或是看一堆劇場表演。但是，想到入學面試官所說的「著重在某個領域」，我突然靈光一閃。

不必放棄任何事！我是這麼盤算的。也許根本就不要每天都平衡發展，而是反過來，專注在「不平衡」。與其每日兼顧一切，如果把生活裡的重要面向「工作、睡眠、家庭、運動、朋友」天天選出三項來做呢？這樣就可以好好發展這三項，明天再選三項不同的事。一段時間下來，既有休息到，身體也顧到，工作順利，還能享受文化薰陶——而且全都是一邊帶孩子一邊做。因此，源於好幾年前的哈佛入學說明會，「選三哲學」就這樣誕生了。

我也確定，不是只有我經歷過被壓垮的那一刻。我們每個人肩上都擔著全世界的重量。事實上，我如果好好研究一下你每一週做到了哪些事，可能也會對你甘拜下風！光是想想我們企圖在所有事情上取得平衡，就立刻會有不勝負荷的感覺了。

如果我要兼顧一切，每天大概都要做到下列這些事：

- 把兩個男孩養育成好男人，勤奮工作，尊重女性。
- 與我先生共同度過一段有意義的時光。
- 好好經營我的工作，讓每個往來的合作對象都滿意（這在紐約可不容易！）。
- 寫書（也就是這本書）。

- 準備每週一次的廣播節目主持。
- 吃得健康（南瓜香料拿鐵不算吃的，對吧？）。
- 計畫出差演講行程，每年四十幾場。
- 安排孩子在我外出期間的托育事宜。
- 為了出差沒有和小孩相處而內疚。
- 打理家事，雖然我簡直像是住在機場。
- 與家人保持聯繫（媽，我忘了，你那邊現在幾點？）。
- 擔任東尼獎和琪塔．里維拉獎評審，一年必須看六十多部大大小小的戲劇表演。
- 在社交媒體上發文。
- 瀏覽別人的社交媒體貼文「別人過得比我好多了。」
- 回覆一大堆電子郵件及訊息「收件匣旁那個數字為何永遠不會減少？」
- 對自己說：「蘭蒂，你真的應該去回那封郵件。」但同時心裡很清楚，只要再進來幾封郵件，這封就會永遠石沉大海。

我還想要做到這些：

- 與朋友見面，一定要來約。

• 維持體態（哈）。
• **睡眠**。
• 沖澡（沒錯）。

唉，實在很累。我乾脆爬回床上就這樣過一天算了。

但是，如果我重寫這張壓死人的清單，不要叫它「今天的待辦事項」，而是「今年的待辦事項」呢？或是三年？十年？這樣一來，我可以每天選一些事情來做，把這些事情做得好，**專注投入在我選擇的任務，不要一次做到每一件事**。雖然我有這麼多任務，但我還是覺得自己已經很幸運了。我的先生布蘭特是個體貼的好夥伴，他分擔了大量教養工作及家事。我的團隊祖克柏媒體（Zuckerberg Media）也非常棒，盡力把每件事都安排得妥妥貼貼。還有我的工作夥伴吉姆韓森製作公司（Jim Henson Productions）、環球兒童頻道（Universal Kids）、創新藝人經紀公司（CAA）、哈潑柯林斯出版集團（HarperCollins）以及我的廣播節目SiriusXM，他們都很棒。我有錢可以僱用值得信任的幼托服務，也擁有愛我而且支持我的朋友和家人。而且，就像我有個朋友最近提到的，「你的小孩開心，你才會開心。」謝天謝地，我的兩個小孩都很健康快樂。

老實說，我們無時無刻都在想自己有多快樂，或是有多不快樂。在家和小孩玩快樂嗎？

還是跑去健身房一個小時比較快樂？這種快樂比得上坐在工作桌前把報告最後的一段寫完嗎？我們自然而然會在生活中追求快樂，但是卻伴隨著取得平衡的壓力，難怪我們全都這麼不開心。

根據二〇〇七年世界快樂報告，在經濟合作暨發展組織的三十五個國家中，美國排名第三。先別忙著慶祝。到了二〇一六年，美國排名掉到第十九名，愈來愈不快樂。排名往後掉的原因包括社會支持衰退及政府貪腐增加，這我就不予置評了[1]。

如果你想更加不快樂，就去看一下你最愛的社交媒體，一秒鐘就好。你馬上就會被徹底轟炸，別人的完美生活、超棒假期、知性讀書會，讓你覺得每個人都活得比你好太多了。你開始會想，你可能不是什麼重要角色，即便五分鐘之前你自認為你是。當然，我們的內心深處都知道，網路上每個人都在表演，只會發布最光鮮亮麗的一面，但是，我們還是忍不住覺得自己有點比不上別人。對吧？

二〇一六年，匹茲媒體研究中心調查全美一千七百八十七個年輕人在十一個最熱門社交媒體平台的使用情形（包括 Instagram、Facebook 等等），使用最多種平台（多達七至十一

1 Helliwell, John, Richard Layard, and Je rey Sachs, "World Happiness Report 2017." http://worldhappiness.report /wpcontent/uploads/sites/2/2017/03/HR17-Ch7.pdf

個）的人，他們的憂鬱及焦慮危機，比使用最少的（零至兩個平台）還要高出三倍。在好幾個平台上維持曝光率（也就是所謂的社交媒體多工），會導致注意力、認知能力及情緒都變差[2]。

還有，英國皇家公衛學會研究報告指出，青少年使用社交媒體會帶來焦慮、害怕錯失訊息（FOMO）、霸凌、高度憂鬱，以及睡眠不足[3]。二〇一七年數據調查網站「YouGov」發現，百分之二十六的美國人認為，在社交媒體上收到一則負面評論就等於那天全毀了[4]。更糟的是，留負評的甚至不是真人！現在有愈來愈多自動留言程式，很可能成就或搞砸你一天的是設計好的機器人。

害怕錯失訊息、憂鬱、在社交媒體上互相比較，這些你都懂吧，我也和你一樣。然而，你不必受這種鳥氣。寫這本書的時候，我感到真正的、發自內心的快樂——美國快樂排名，接招吧！因為從很多方面來看，我已經擁有一切，所有與「覺得被祝福」標籤有關的，我都有了。

然而，過去並不總是一帆風順，現在也不是。計畫趕不上變化，大大小小的緊急狀況會忽然出現在你最意想不到、最不方便的時候。我這個道地的神經質猶太媽媽也老是擔心物極必反，總是害怕半杯水隨時會被打翻。

每個人都會面臨不同的狀況和挑戰。我們之中有些人是單親家長，或是為了達到財務獨立必須身兼多職、累得半死。許多人被命運之神發了一手壞牌，只能勉力維持。換句話說，我們之中的有些人就是超級英雄，不是ＤＣ漫畫裡的那種，而是現實生活中的超級英雄，為了你摯愛而在乎的人，不計代價要扭轉世界。

不管身處什麼情況，我們的共通點是：每個人都感到無比壓力，對每一件我們需要、擁有、想要的事，必須取得平衡並做到完美，不然就會完蛋。

但是，換個角度想，如果我們不要一直扛著這份壓力呢？如果每天只挑一些事情專心做，這樣也可以吧？如果允許自己偏重在某些部分，取代全面的平衡，可能會好一點對吧？如果我告訴你一個方法，一次只專心做某些事（只要這份清單上的每件事情最後都有被選到），長遠來說可以讓你更快樂呢？你會不會想試試看？來吧，準備好你的快手速記法，因為接下來我就要告訴你如何辦到！

---

2 "Using lots of social media sites raises depression risk," University of Pittsburgh Brain Institute, February 1, 2018. http://www.braininstitute.pitt.edu/using -lots-social-media-sites-raises-depression-risk

3 "Instagram ranked worst for young people's mental health," Royal Society for Public Health, May 19, 2017. https:// www.rsph.org.uk/about-us/news/instagram-ranked-worst -for-young-people-s-mental-health.html

4 McCarriston, Gregory, "26% of Americans say a negative internet comment has ruined their day,"YouGov, September 7, 2017. https://today.yougov.com /news/2017/09/07/26-americans-say-negative-internet -comment-has-rui/

工作、睡眠、家庭、運動、朋友，選擇三項

每當人們知道我每年必須出差工作大約一百天，最常見的反應就是驚訝。「你不會想念小孩嗎？」當然會啊！我又不是怪獸。但是，我也非常熱愛我的工作。我覺得能夠與走上創業這條路的同路人、學生，以及在世界各個角落想出新點子的人見面會談，是最令我享受的事。每當我去各地工作、分享創業故事、交到新朋友、啟發別人，我是發自內心地感到快樂。但是如果我一直專注在取得各項平衡，我就不能像這樣經常出差工作。

為家庭付出對我而言也是極重要的事，家庭是我的人生使命感及意義的來源，要是我減少出差次數，當媽媽的優質程度可能會比現在多個百分之三吧——但是，我也會變得更不快樂。我對工作抱著極大的熱情與自豪。如果減少這一項，我的身份認同與自我意識也會隨之下降。為了讓我們感到快樂，有所取捨是必要的，還必須拿人生中的其他部分來交換。

我的孩子知道我有多麼愛他們。我為了自己熱愛的工作在外打拚，回家之後就會全心全意對待我在乎的人。我在兒子的學校認識了一群很棒的媽媽，她們幫我照顧兒子，並且傳照片和簡訊給我，讓我在外工作也不會和兒子們脫節。我會不會怪自己老是不在他們身邊？當然會。我早就對抗自己四百二十四萬五千零三回合了。不過，就像是把內疚感擊退到一邊，因為我已經承諾過，**不要因為工作生活不能取得平衡而難過，畢竟，那是不可能**

的！現在我知道了，唯有當我允許自己某幾天投入工作、其他幾天投入家庭，我才真正能把兩者都做到最好。

回顧過去二十年的人生，那些最自豪、最有價值、我想親口講給孫子聽的超棒時刻，都發生在我允許自己投入某些事之時。如果我選擇平衡，那麼我就不會像目前這樣，處於非常快樂的狀態。真是太感謝這種不平衡的人生了！

這種不平衡的人生對我而言，有一半樂趣在於可以讓自己一頭栽入令我興奮的事。不管是工作、睡眠、家庭、運動或朋友，雖然無法確切知道到底會發生什麼事，但是，**只要我能各別投入一段完整而專注的時間，我知道我會很開心自己這麼做**。用自己的方式大膽活出不平衡的人生，不要有罪惡感，不要在乎別人怎麼想或怎麼說，不要讓自己因為害怕而動彈不得，這樣才會有好玩的事發生。

做個有所取捨的人有很多方式。有些是有意識的選擇；有些是情勢所迫，你也控制不了；有些是接納你所愛的人的興趣喜好；有些則牽涉到決定，與其說是決定要專注於哪件事，不如說是決定什麼事不要排入優先順序。每一項選擇，都和下一項選擇同樣正當、同樣精彩，也同樣值得讚賞。活得不平衡沒有所謂對或錯，只要別影響健康及快樂，或是傷害到愛你的人——雖然有時候傷害就是會發生（之後再來討論這個部分）。

在這本書中，我會分享自己訪問某些我所知道「不平衡」的人。例如阿瑞安娜・赫芬頓

（Arianna Huffington），她的健康危機成為敲醒她的一記警鐘，促使她轉移焦點，呼籲專業人士警覺到睡眠的重要性。還有亞當．葛瑞斯曼（Adam Griesemer），他是個小兒科器官移植醫師，經常值班四十多小時。我還採訪了梅琳達．亞隆恩斯（Melinda Arons），她離開臉書公司待遇優渥的職位，投入希拉蕊．柯林頓的總統競選活動。我與芮貝卡．索福（Rebecca Soffer）對談，她在短時間內失去雙親，而將痛苦轉化為幫助其他遭逢至親死亡的人。還有布萊德．武井（Brad Takai），他立下的人生志向，就是協助他的丈夫喬治．武井（George Takei）的事業發展。我和芮希瑪．索雅妮（Reshma Saujani）促膝長談，她投入政治，而且在輸掉兩次選舉之後，才明白那正是讓自己找到人生志向的關鍵。

我要分享這些人的故事，他們各在不同方面有所取捨，有些是自己選擇的，有些是情勢所迫。所有的心得、訣竅及關鍵技巧，我都會傾囊相授，讓你成為有所取捨的超棒自己。本書最後附上問答練習，讓你記錄自己在「選擇三項」上的進展，也協助你為自己負責。

學習如何更妥適地安排輕重緩急、更加專注，以及很重要的，更懂得放棄，你的旅程就從打開這本書的這一分鐘開始。我要為你鼓掌，你選擇了一條通往快樂的另類道路，走上不平衡的人生了，這是個好開始。

「選三哲學」是我的座右銘、我的信條、我的人生原力，非常榮幸能與你分享。丟掉平衡吧，我們要活得精彩有趣、活得與眾不同！

1

什麼是「選三哲學」？

What is Pick Three?

大家都來不平衡！

沒有工作與生活平衡這種事。每一件值得努力奮戰的事，都使你的人生不平衡。

——艾倫．狄波頓（Alain de Botton）

我頭一次提出「選擇三項」，其實是在某個挫折到不行的瞬間。那是場座談會，我大概第一百次被主持人問到：「蘭蒂，你是一名媽媽，而且還有一份事業。你如何在兩者間取得平衡？」沒人會問在座的男士這個問題。就好像是那個古老祕密：優質爸媽該有的能力（組織能力、判斷輕重緩急、長期規劃、耐心、創造力），完全符合所謂的優秀員工或創業者，驚訝吧。

每次被問到這個問題，也就是每次出席座談會時，我大部分都是咬著牙擠出笑容，老調重談我如何兼顧這一切。但一再被問到如何取得平衡，我就是沒辦法再胡扯下去了，主持人沒料到我竟然搖搖頭說：「我做不到。」

「為了為了能夠讓自己準備好、能夠成功，我知道在現實狀況下，我一天只能做好三件事。所以每天我早上起來，我會想著，工作、睡眠、家庭、朋友、運動，選擇三項，明天我可以選不同的三項，再一天也可以選不同的三項。但是今天，我就是只能選三項。只要長期下來每樣都有選到，就可以兼顧所有不能同時兼顧的，一舉解決創業者的兩難。」

這個說法立刻被全世界的財經媒體摘錄。「選擇三項」全球瘋傳。

後來我才明白，這種兩難並不是創業者才有，每個人都面臨這問題。不管你是靠什麼維生，不管你住在哪裡，不管你擔了什麼責任，沒人做得到兼顧全部而絲毫不犧牲，或是沒少掉一丁點的專注力及精力。後來我就不說這是「創業者的兩難」，我把它改個名稱，叫做「選三哲學」，這樣涵蓋得廣一點，而且還能即知即行。

也許你在乎的面向與我不同，不過為了達到本書所言的目的，以及完成接下來的練習，就假定你也能適用我的人生五大面向。有了這五大面向，接下來就好玩囉。

人生的五大面向

・**工作**

你投注你的時間去做，因此而獲取報償、產生價值的計畫，收穫的形式通常是金錢、熱情、意義、對某項偉大事業有所貢獻的使命感，或者是完成長期目標的墊腳石。價值有可能源於一項傳統工作、熱切的計畫、一堂課程或是學校作業、實習工作、公益計畫等等，就是投入某些心力而創造出來的產出。

・**睡眠**

這件麻煩事每天占掉你百分之三十的時間（如果你夠好命！）

・**家庭**

可能是指你的原生家庭、你創造的家庭，或是你選擇的家庭。不一定與你有血緣關係。也許你把教會當作你的家庭，也許你有個「前衛」或非傳統的家庭。不管如何定義你生命中的家庭，它就是你的優先選項之一。

・**運動**

啞鈴與汗水，是講到「運動健身」會馬上跳出來的畫面，不過對我來說，這個類別的意義比較廣，表示照顧自己的健康，包含身體及心理的適應力、好的情緒表達、專注、壓力管理，以及有益健康的飲食。

・**朋友**

我個人是把所有好玩的事都歸類到這一項。我們想到的通常是生命中最親近的朋友，但是這個項目也會讓我想到興趣與嗜好——總之就是工作和家庭之外能讓你覺得有樂趣的人或事。

選擇三項

到了排定優先順序的時刻，絕對不能手軟。抱歉，不能五項都選。今天不行，改天也不行。想把事情做好，就選三，只能三項。而且不要浪費一分鐘感到罪惡或難過於沒選到另外兩項，因為，你會選到那些的，明天，或是後天，或是下個月，總是有機會的。

每天都可以從這些選項裡挑出新的一組，集中精神在這三項，你可以挑和前一天相同的，或是換個擋，挑不同的三項，完全由你決定。也許是週間固定選某三項，週末是另外三項；也許是夏天某三項，冬天某三項；也許每天都換。「選三」讓你短期間能專注某項，長期能兼顧所有，不論長期或短期來說都是最棒的。

我知道你會問：「蘭蒂，我根本就可以五項都選啊！我可以和朋友一起運動，上班路上打電話給我媽。運動、朋友、家庭，三項做到，只剩兩項！」

我不否認偶爾一兩天你可以五項都做到，但是長期來說，這樣真的不能永續。如果你試圖把五件事都做好做滿，那就是走向耗竭。你沒有辦法維持在高功能狀態把五項都做到最好。家庭、朋友、工作、睡眠、運動，每天都碰一下，當然做得到。但是，樣樣通就樣樣鬆，就算只有一天達到五項滿貫，這表示每一項都不夠有深度。

我們向來接收到的觀念是，「無法兼顧」是個不好的詞，但我卻認為它是成功與快樂的關鍵。選三哲學能幫助你搞定超載的人生，最重要的關鍵就是有所取捨。你只專注在每天選擇的三個面向，就能完全掌握輕重緩急，而且讓自己有機會做到最好，這樣你會更有幹勁，強過好幾個星期都注意力渙散。每天都選不同三項，一段時間均攤下來，啊哈，全都兼顧了！好啦，這不是變魔術。但是在一天結束前，你知道自己不只做到你訂下的三項目標，而且每件事都做得很好，這種感覺不是很棒嗎？

挪威人知道這一點已經很久了。根據世界快樂報告，二〇一六年挪威排名第四，二〇一七年晉升第一寶座，緊接在後的是丹麥和冰島。

為什麼都是北歐國家呢？那裡不是很冷嗎？冷是沒錯啦，但是天氣和幸福感沒什麼關聯。這三個國家的共通點是，重視這六項關鍵變數：收入（工作），預期壽命長（健康），家庭價值（就是家庭），自由（可以好好睡個覺），信任感（朋友），以及慷慨大方（以上皆是）。

如何實踐「選三」？

當你實行選擇三項時，要記得幾項基本規則：

1 只能選三項

雖然很想嘗試做到更多，畢竟我們身處在多重任務的文化裡，仍要記得我們追求的是品質，而非數量。工作、睡眠、家庭、朋友、運動，選三項就好。

2 別怕，明天就可以選其他三項

不需要後悔。「選三」最棒的地方就在於隔天醒來又是全新的一天，有全新的機會讓你挑選三個不同的面向來專注做好。

3 不必有罪惡感

提醒自己，你沒辦法一直都做好每一件事。讓你自己能從容地把三項目標做到最好，不要浪費任何一秒寶貴的時間在愧疚於沒選到的那些。如果你做不到，那就通通怪到我頭上好了。畢竟就是我要你只能「選三」！

4 好好去做

如果無法全心投入你自己挑選的三項目標，那就沒有意義了。所以，選三項之後，盡可能好好地做。

5 記錄你的選擇

就像你主掌的其他系統一樣，最好是把每天選的三項目標記錄下來，過一段時間後記得回頭檢查是否五個面向大概都有被選到，而且選到的頻率差不多。用紙筆、手機記錄，寫下你每天的三項，你會感覺到你大致的生活輪廓，以及可能可以往哪個方向努力。

我的「選三」日誌

看一下我的「選三」日誌，以其中一星期為例。你可以想想看要怎麼選，然後為你自己安排一個「選三」計畫。

- 星期一，九月四日
- 待辦事項：家庭、睡眠、運動

今天是勞動節，這表示如果我沒有回覆訊息，並不會有人感到震驚、生氣或是失望。我的小孩還沒有入學，而且我公婆來小住。我選家庭，這樣就可以與小孩、丈夫及親人好好相處。睡眠，是因為我那對逆齡生長、容光煥發的好公婆，自告奮勇要和小孩一起早起（太好了，我可以補眠了！）。運動，是因為我和先生要去公園慢跑（當然是在補眠之後）。

三項目標，完成！

- 星期二，九月五日
- 待辦事項：工作、朋友、家庭

早上第一件工作是要出席一個晨間時段的電視節目，在節目中討論最新的開學應用程式及科技裝置。我喜歡帶狀節目，但要準備好上節目，就表示今天不能選睡眠這項，因為清晨破曉就得起床。我的朋友艾瑞卡與我一起去攝影棚，上完節目後我們同去喝杯咖啡。朋友時間，打勾！之後我前往辦公室，成堆的工作等我去完成，那麼工作這一項要打兩個勾。我準時回家，親親我的兩個兒子，為六歲兒子做開學準備，然後與剛下班的先生聊一聊。

三項目標，搞定！

- 星期三，九月六日
- 待辦事項：家庭、工作、運動

早上七點鐘，我送六歲兒子上校車，這是他上小學一年級的第一天，也表示我的睡眠要槓掉，以免錯過他得上學的時間。星期三的工作是在廣播頻道主持我的節目《蘭蒂．祖克柏的玩弄臉書時間》（*Dot Complicated with Randi Zuckerberg*），所以我直接去錄音室準備節目，迎接來賓，開始錄音。傍晚我得要搭飛機去波士頓參加一場工作上的活動，所以錄完節目之後我回家打包，迅速運動一下（一百二十下波比跳[5]，呼！），然後專心陪我兒子玩寶可夢，再前往機場。

三項目標，下一關！

- 星期四，九月七日
- 待辦事項：工作、家庭、睡眠

我一大早就起床準備在波士頓的重要一天，畢竟這也不能由公婆代勞，我要對超過一千位專業的商務人士及創業者發表一個主題演講，講題是破壞性創新、社交媒體以及數位時代的領導力，所以我得要早起準備。演講非常成功，呼，接著是為我第一本書《玩弄臉書》（*Dot*

Complicated）簽名（又在置入性行銷了），然後前往機場準備回家。到家時累癱了，但還好來得及履行帶兒子出去吃飯的約定。送他們上床之後，我自己也睡翻了。

三項目標，好，可以睡了。

- **星期五，九月八日**
- **待辦事項：工作、朋友、家庭**

超級多工作的一天。每次出差回來，工作就堆成兩倍那麼高，今天也不例外。馬不停蹄地開會，總共六小時。但是今天是星期五，只要我人沒在外地，無論如何一定會趕在安息日晚餐前回到家。在我們家，安息日晚餐非常特別。我們會點起蠟燭，說出感謝的祈禱文，然後每個人輪流說自己這一週以來要感謝哪些事情，也會進行一個特別的「好吃好吃」祝福儀式，因為在安息日，我們是在吃晚餐之前先用甜點，太期待啦！兒子們上床之後，我們聘請的保姆也來了，我和先生便能出門去看場小型的百老匯戲劇表演，順便和一群老朋友見面。表演結束之後，我們都知道大家需要回家好好睡覺，不過我們還是加碼去了個爵士音樂酒吧。啊，已經凌晨一點了嗎!?還好我沒選睡眠。

---

5 「波比跳」結合了深蹲、伏地挺身與跳躍，是高強度間歇運動中常見的動作。

三項目標，完成！

• 星期六，九月九日：

• 待辦事項：家庭、運動、工作

今天的紐約非常舒適宜人，有什麼方法可以帶著兒子們一起去長跑呢？我們最愛的妙計就是滑板車！雖然有時候上坡得要拉著他們，不過這是一次搞定運動兼家庭的「選三」特惠！我們決定好好享用一頓美味的早午餐，接著我得去工作，在截稿日期前寫完這本書。接下來一整天，我都在室內享受電腦發出的溫暖光線。

三項目標，通殺！

• 星期天，九月十日：

• 待辦事項：睡眠、家庭、朋友

星期天就是玩樂天！我先生自告奮勇要和兒子們一起早起，所以我可以補眠，太爽了！週日的傍晚，我們邀了朋友和朋友家的小孩一起在庭院烤肉。明天我又要出差工作，所以晚上早點睡，明天才能元氣飽滿。

三項目標，結束。

接下來該怎麼做？我們來結算一下次數：

- 工作：5
- 睡眠：3
- 家庭：7
- 朋友：3
- 健身：3

我很高興這一週多投入於家庭，因為下週我要離家出差四天，這表示我能和孩子及先生共度的時間只有下週的週末。下週我會極度投入工作，當我回來時再把睡眠、朋友及運動擺在優先順位，畢竟這三項在出差時都不太能做到。整體來說，我沒有太多內疚或壓力，所以我覺得自己選得很不錯。過去這一週結束，我覺得有成就感、圓滿，最重要的是，快樂。

運用「選三」，我就不會因為做不到一份包羅萬象、落落長的待辦清單而自責或內疚。我保證，你也會這樣覺得。「選三哲學」讓你更能專注、清楚優先順序，並且在你的選擇範圍內採取行動。在這一週結束時，你就能夠快速瀏覽一下，知道你把時間和精力花在哪一方面最多，你最關注的領域成果如何，並且整體評估接下來要改變或調整什麼。

如果你知道自己接下來幾天或幾週會非常投入於某些項目，那麼你要盡量現在就選擇其他項目，以免生活失控，導致你睡整天，或是工作到眼睛都變鬥雞眼。不平衡有兩種，一種是良好的短期專注；一種是「救命啊，我整個人生已經嚴重歪斜了！」我們不想要後面這一種吧。

如何貫徹「選三哲學」？我提出其他人的生活片段為例，證明當你每一天都做出有意識的選擇時，最能夠發揮效果。

艾美

艾美這個典型，基本上就是我們每個人在實行「選三」之前的生活型態。她試圖每件都選來取得平衡，最後每一樣都只能點到為止。她每天選了三項目標，但是常常試圖擠進第四項目標。一週之後她覺得壓力非常大，撐不下去、非常疲累。這是她的「選三」日誌：

「星期一：工作，家庭，運動。噢，還有睡眠！我睡過鬧鐘響的時間，只能去上比平時晚的那堂飛輪課。雖然剛好有運動到，但是接著碰到塞車，很晚才進辦公室，這表示我得要待得比本來預期的還久，也表示今晚的特別家庭晚餐，只能是不太特別的外賣食物了。店員忘記把我兒子點的捲餅放進去，所以我還得開車回去那家餐廳拿。到家時，孩子們餓壞了鬧脾氣，所以我讓他們看整晚電視，我則是回一下電子郵件。也許明天會好一點吧。」

你能找出艾美這一天哪裡出錯了嗎？沒錯，她選了四項——運動、工作、家庭、以及睡眠，結果每一件事都不順。如果她能堅持只選三項，就不會上班遲到，也能好好享受飛輪課，然後她就能早一點到家，像她預期的那樣與家人共度有品質的時光。結果不是，多工模式讓她無法完成任何目標。

史提夫

史提夫是個太過投注某方面的人。他過度強調工作，在三項目標中他常常只有專注在兩項，導致不太健康的結果。這是史提夫的「選三」日誌：

「星期四：工作，睡眠，朋友。我有一項龐大的工作專案即將開始，所以過去兩週以來每一天我都選了工作。也許今晚我會試試在凌晨一點鐘以前上床，睡到六點四十五分，而不是六點半。不過也許沒辦法——我實在壓力很大，睡不著也睡不好。我和提隆約好晚一點要與他見面聊聊，但是這個專案把我困在電腦前。自從上星期六以來，每天的午餐和晚餐我都是在電腦前面吃的。我覺得體重好像增加了四、五公斤了吧！等這個案子做完，我要每天都選運動！唉，現在的感覺好討厭。」

我們馬上就看得出來史提夫是工作過度了。他既疲累又暴躁，選擇了不好的食物，最後得承受不好的結果。他其實只選了工作，跳過朋友，一日睡眠不到五小時。休息不夠、壓力，加上不健康飲食，這些都讓史提夫走向衰竭。他想要選擇運動，但是卻沒有真正投入時間，現在他感覺到過度投入在某方面帶來的後果了。史提夫需要召喚意志力，集中精神在工作之外的健康，否則將會一敗塗地。

詹姆士

詹姆士就像「選三」模範生，取捨適當。詹姆士的一天是這樣的：

「星期天：睡眠，運動，朋友。週末只剩一天了！我睡到十點鐘才起床，覺得元氣飽滿。接著和單車團體一起騎了四十公里，最後夥伴們一起吃了一頓早午餐。一整天下來，我慢慢洗個澡，然後悠閒地讀本書。倒杯酒、看影片，度過一個寧靜的傍晚，以迎接下一週忙碌的工作。我知道接下來每一天我都會選工作，所以我很高興今天可以騎這麼遠，因為下一次再選運動只能等到星期六了。在那之前，我會確保一定要有足夠休息，才能消解壓力。」

詹姆士的三項目標完成！他知道自己接下來每天都要工作，所以他把少掉的運動在目前的時程表上補回來，允許自己在短時間之內投入某一項目。他知道選擇睡眠能夠減輕壓力，所以他把睡眠擺在優先，朋友和運動結合，確保這兩個目標都有達到。詹姆士做得好，他是「選三哲學」的高手。

你可以看得出來，「選擇三項」在各式各樣的人身上效果不同。有些人的工作型態彈性，每一天都可以選擇不同的三項；有些人會發現週間固定模式，週末選擇不同三個項目比較容易。很難有完美的組合方式，不過，多加練習並且自己記錄，你會達到「選三」的目標，而且在個別投入之中找到快樂。

「選三哲學」討論會

問問自己：

- 今天你選哪三項？昨天呢？明天呢？
- 哪一項是你想要選出來替代掉現在專注的項目？
- 哪一項讓你得到最自豪的成就？
- 有沒有哪個項目被你忽略太多（或是犧牲了）？如果有，你是否會一直覺得很內疚，不斷鞭笞自己？
- 以下聽起來是否很熟悉：「要是我有更多錢或更多時間，那我就可以專心實現我的夢想了。」要怎麼做才能放下這種想法，從今天開始朝著這個方向努力？
- 有沒有哪一天你投入某一項太多，以至於另外兩項完全沒做到？

記下你的答案，找出你太過投入於哪部份，以及原因。

人生就是有差池，我該怎麼辦？

有時候我們可以選擇要投入哪一項，有時候這些選擇是由我們無法控制的因素來決定的：年齡、事業階段、財務獨立、地理環境、文化及宗教因素、健康、教育、家庭壓力等等都會影響。

我讀過許多教人如何兼顧工作與生活的書，作者似乎經常設下「完美的平衡」這種陷阱讓讀者跳進去，因為他們假定每個人都擁有同樣的環境或身處同一個等級。我不會這樣預設。我知道某些人天生好命，背後有順風助力讓他們可以選擇自己的熱情所在；他們身心健全，擁有家人的愛護與支持，也擁有方法和資源去追求夢想。而對其他人來說，每天就像在打仗一樣，不是成就人生，而是掙扎求生，光是維持不沒頂就值得被頒獎了。我們甚至不再追尋什麼平衡，只求在社群網站上曬個圖，有時候那樣的確會讓我們感覺比較好。但也不見得要這樣，我們可以更好！

這也是為什麼，只說明「選三」是不夠的。我還想指出那些使你偏重某些項目的處境和情況，要確定你能夠把自己放到一條保證通往快樂的道路。不管是哪條路，只要通向快樂都可以。

那麼，來認識一下這些「選三」的朋友們：

- **投入者：**這種人出於自己的意志選擇投入某一方面，他們可能身體健康，擁有親朋好友或社群的支持，因此能夠自己做出決定。
- **篩選者：**有時候，知道哪些事情不要去做，可以幫你做出選擇。有些人不是很清楚自己想要什麼，卻很清楚自己不想要什麼，所以這種人主要是運用刪去法來決定。
- **革新者：**剛開始是個熱情投入的人，但是碰到嚴重阻礙，所以他們必須重新調整以達到目標。
- **超級英雄：**從來沒有真的想投入某一項目，但因為某些突發或無法預期的狀況（例如突發事件、生病、財務狀況等），他們只能被迫選擇投入某些方面。
- **獲利者：**透過一些產品或服務，能幫助我們比預期更快達成目標而且收穫更多。
- **專家：**你也可以發掘身邊的專業人士，他會比我更了解工作、睡眠、家庭、運動及朋友對你而言為何那麼重要；他是你第一個想到要去諮詢的人。

你是哪一種呢？

我相信，你可以從這些人格類型中，找到與自己相關的部分（就像讀星座描述時發現牡羊座很多特質與你很像，但你是摩羯座，不過星座說法還是有道理）。不管哪一天，你的三項目標都可能有所不同，但是要記得，選擇的方式並沒有對或錯，無論是出於自己的選擇，或是情勢所迫，「選三哲學」能夠在你面臨人生挑戰時幫助你，即是透過謹慎選擇你想要專注的重心。

不平衡發展的人生的確會有犧牲，不過，這種犧牲是良性的，你必須放棄兼顧一切的觀念；你必須願意說出「下次吧，健身房，今天不行」，或「這趟行程就不和家人一起了」，甚至「今晚只能睡四小時」，還有「今天不回電子郵件」。總之，工作、睡眠、家庭、運動、朋友，就是不能同時五項都選，而且還五項都做滿做好。

放棄了某件事，或是認清你只是凡人，這種感覺可能會讓你很難接受。但是我發誓，一旦你開始專注，分清楚輕重緩急，選三項來做；一旦你容許自己可以有所取捨，而不是事事兼顧，那麼，你會發現自己更開心、更充實，而且在你所選擇的事情上更加成功。「選三哲學」徹底改變我的人生，也將會改變你的人生，所以，我非常興奮能與你分享！

2

我的重要五件事，現在就行動！

The Big Five

工作

典型上班族每週花四十到六十小時坐在辦公桌前——這時間很長！所以，找到符合自己生活型態的工作很重要。

——瑪麗喬・費茲傑羅（Maryjo Fitzgerald）求職網站「玻璃門」（Glassdoor）公關與企業傳訊經理

老實說，坐下來寫這一章，感覺有點像在做心理治療。如果必須找出自己實行「選三」的問題，那就是——我老是想選「工作」。如果我沒有忙著做什麼事，或是繞著地球跑到處去演講，我不知怎麼地還是會生出新的工作計畫。我得時常對自己說，少選工作，多專注在人生其他領域。尤其身為人母，大聲講我愛工作還真是有點愧疚。

到底是什麼因素，讓我們這種人一直想處在工作環境之中？為什麼有些人老是選擇投入於事業？當然，對某些人來說，工作只是為了賺錢，人生真諦在於職場社交以外的活動。那為什麼我們這些人要對自己的專業賦予這麼多意義，讓工作在自我認同中扮演這麼吃重的角色？如果我們放慢腳步呢？如果我們完全不選工作這一項，會有什麼影響？若我們挪動優先次序，又會怎麼樣呢？了解這些問題的核心很重要，這樣我們才能明白工作在我們的五項人生清單中扮演什麼角色。而且說實在的，找出理由也是為了保住我自己的理智線。

我向來認為，成功的關鍵是努力工作。投入許多時間心力拚命工作，這件事並沒有捷徑。每當看到別人的成功，我就希望那人是我，這只會讓我更加渴望，讓我更賣力工作。

並不是最近才這樣的，打從有記憶以來，我就是個用功的傢伙；打從我能說出「哈佛」這個字的時候，我就想進哈佛。這表示國高中時期我都非常認真念書。父母給我的環境良好而舒適，他們付所有的學費，所以我從來不必辛苦背負學生貸款。但在我腦袋裡總是有一個催促的聲音說：「蘭蒂，你這輩子不能依賴任何人。努力兼差，自己要用的錢自己賺。」

我做完功課之後會在我爸爸的牙醫診所幫忙，在當地橋牌社團裡打雜，或是當時薪五美元的保姆，照顧我的弟弟妹妹及他們的朋友。總之，不管用什麼方式，我從來沒有放棄任何可以賺錢的機會。

而且，我也不只滿足於打工，我還想讓自己的錢也好好發揮功能。我有的錢不多，所以我請父親教我了解股票市場的運作，這樣我就可以開始投資。最後我選擇了三支股票：麥當勞（McDonald's），因為它很好吃，而且在特別的日子時我喜歡去那裡；美國運通（American Express），因為我父母有一張美國運通卡，他們用這張卡買很酷的東西給我；以及一支新的股票「Google」，只是因為它的名字很酷。你猜猜哪支股票表現最好？

整個高中時期我不僅在紐約的中央廣場咖啡店當工讀生，也做當地學生的家教，一被哈佛接受之後，家教薪水立刻翻了三倍。在橋牌社團則被升為服務領班，這表示薪水又變多了，而且還可以管理其他人，首次嚐到當小主管的滋味。

上大學之後，每個人放假就當背包客往歐洲跑，而我卻在打工，通常同時兼兩、三份差事，此外還繼續當家教。我甚至婉拒了一個在世界知名的愛丁堡藝穗節的表演機會，只為了能接一份暑期工作。我承認那次決定真的很艱難。

大學畢業之後，我甚至無縫接軌就進入職場，雖然也曾夢想著要和朋友一起廝混、到處旅行，在紐約市尋幽訪勝。但我可不行，我只花了一個週末連假做這些事。從哈佛畢業那天是星期四，接著到來的星期一我就到紐約的奧美廣告公司（Ogilvy & Mather）上班了。在奧美，經常是一天工作十二個小時以上，然而我從來沒有質疑過這一點，因為在各行各業的朋友都是這樣。當你在二十歲出頭時，還處在事業「發展」的時期，如果你有企圖心，把重心放在工作上只是剛好而已。

那時候我還有精力與朋友徹夜外出，而且是每個晚上。我們住在一座不夜城，並且想要盡情利用這一點。我和我先生剛開始約會時兩人都是二十二歲，我記得我們奉行的生活哲學是：如果凌晨四點以前回家，那一晚就算是「遜斃了」。大概過了幾年，這個時間調整到凌晨兩點，然後是午夜。現在，如果我們十點鐘就躺在床上，通常會互相取笑當年那很酷的時限原則，然後一起大笑。

我以為自己在紐約已經工作得很辛苦了，不過如果你沒有見過科技業創業初期的工作樣貌，那麼你就不能算見識過什麼叫做投入工作。我在二〇〇五年搬到矽谷，進入臉書公司（Facebook），這段經歷為我重新定義了什麼叫做投入。

當時，臉書只有十幾個員工，辦公室在一家中式餐廳樓上。每一個人什麼事情都要做。如果你不知道某件事怎麼做，還是要想辦法弄懂，並且做出來。在新創企業中，工作步調、時數、氣氛都非常緊繃。工作即生活，完全沒有分隔、沒有平衡。同事是你最好的朋友、你的家人、你的一切，全都攪和在一起。這表示你無時無刻都處在工作的狀態，因此新創企業裡通常全是還沒有成家的年輕人。不管怎麼選，你必須全都選工作才能生存。

請不要太震驚，繼續看下去，我要告訴你，我們把什麼叫做樂趣：加倍工作。每隔幾個月我們會舉辦員工的黑客松[6]。每個人都被邀請到公司來做一個案子，徹夜工作，十二個小時沒有停。這項活動的要點，或者應該說「樂趣」是：你做的案子，絕對不能與白天的工作

---

6 「黑客松」（Hackathon）是「hack」加上「marathon」的組合字，意指幾名科技技術相關人員聚在一起，以馬拉松的方式進行一段長時間、不眠不休的程式設計活動。

有一丁點關係。不可以坐在角落回郵件回到讓收件匣數字歸零。不可以為了開會而準備簡報。這十二個小時完完全全要用來做一件你有熱情想做的案子，還要新穎並且有創意。如果隔天早上七點你還能站得直，那你要對全公司報告你的點子，然後和大家一起吃鬆餅。

我知道你心裡在想什麼。沒錯。我們從工作中抽身休息的方法，竟然是做另一件工作！是的，人家說創業者都瘋了，也不是沒道理。創業者的DNA就是工作、工作、工作，從不休息。要不然，伊隆．馬斯克[7]是怎麼會想出上月球的新方法？不用汽油而能橫越整個國家？只要鬆懈一下下，立刻就會被競爭對手趕過去，這表示你的公司快完蛋了，就是這樣。我們是為了工作而工作，也是為了樂趣而工作。我不想嚇你，但如果你正在讀這本書並考慮要創立自己的公司，卻沒有這種工作心態，那麼你可能可以再想一下。對創業者來說，工作是樂趣；臉書的黑客松，則是樂趣的具體化身。

我不想吹牛，但是我頗為自豪我自己做的兩個黑客松案子。第一個由臉書現職及前任員工組成的的樂團，團員都是八〇後，曾經在公司派對、慈善活動等等場合表演。我們的座右銘是：您出價，我無償。我們也許不是世界最棒的樂團，但卻愛心無限。

我的第二個黑客松點子，是我最自豪的，後來更擴散到二十億人都知道。事實上，它可能現在就在你的手機上，你甚至已經使用過，它就叫做臉書直播。

當時的我很想讓科技能夠與媒體結合（現在還是投注熱情於此）。二〇一〇年，我們還不能用筆電隨選即看《冰與火之歌：權力遊戲》（*Game of Thrones*），網飛（Netflix）和亞馬遜（Amazon）也還沒有斥資數十億美元自製強檔影集。當時我花了許多時間在想：如果臉書裡面就有電視台，那會如何？我想像有個地方可以讓任何人在任何時間直接對觀眾說話，而不是只有那些電視台大企業集團可以這樣做。無論是誰，只要願意，就可以使用臉書做為傳遞訊息的媒介。這種事情以前從來沒有存在過，所以我直接拜訪過去成功合作過的幾家大電視台，例如CNN及ABC新聞台。不過，因為這個點子太新了，我沒有辦法說服他們而被打了回票，每個地方都拒絕我。但是我沒有放棄這個想法，只是，這下子我要自己來做了。就在下一個黑客松，我弄出「臉書直播——蘭蒂．祖克柏時間」。

結果呢？大失敗。第一個節目只有兩個人收看：凱倫及愛德華．祖克柏，就是我爸媽。我非常氣餒，甚至沒有撐完十二小時把我的願景報告給公司夥伴聽。我放棄了，回家上床睡覺。

然而，不知道這消息是怎麼轉傳的，不到幾週我便接到一通電話，是流行歌手凱蒂．佩芮（Katy Perry）的經紀人打來的，她說凱蒂想要用我的臉書直播節目來宣傳她的世界巡迴演唱會。當時我還想假裝沒這回事。「抱歉喔，這不是真的電視節目，只是我弄起來的一個小案

---

7 伊隆．馬斯克（Elon Musk）為太空探索技術公司 SpaceX 以及特斯拉汽車的創辦人。

子而已。」我停下來，捫心自問：「蘭蒂，你的男性同事會怎麼做？」他們會想要和凱蒂．佩芮見面。他們會把這件事做起來！

所以，我就把它做起來了。二〇一一年一月，凱蒂．佩芮是第一個正式在臉書上直播的人物，有幾百萬觀眾收看。她的世界巡迴演唱會門票在幾分鐘之內就賣光了。從那一刻開始，臉書直播成為真正的媒體曝光管道，每個人都想參一腳。不論是名人、政治人物、運動員，還是世界領袖，他們都曾來臉書總部進行臉書直播。

接著是二〇一一年四月，我接到白宮打來的電話，歐巴馬總統想要在一場市政廳演講中運用臉書直播放送到全美各地。他真的很喜歡這個平台，後來白宮甚至開始每週製播一次臉書直播節目，內容是重要訊息及國內大事。幾個月之後，我本人還因為臉書直播而被艾美獎提名。

無論是否獲獎（噢，我敗給安德森．古柏〔Anderson Cooper〕，他在海地某個壕溝內進行現場連線報導），讓我最興奮的是，臉書推出臉書全民直播給每一個臉書用戶使用；我利用工作之餘時間發明的小構想，迅速成為臉書關鍵轉折的一部分。即使我離開了臉書，每次在時代廣場看到臉書直播的廣告，或是看到某個人直接對他的追蹤者和朋友說話，我就覺得自豪，我發明的東西竟然無所不在，被全世界幾十億人使用。我也沒想到自己會留下這樣的遺產在這家公司裡，由另一個更有名的祖克柏掌舵。

大概就是從這時開始，本來是為了在正事中輕鬆一下的活動，結果卻變成更多工作。我得要做個決定，究竟是要把主要心力花在本業還是副業，亦或是蠟燭兩頭燒。在新創圈，這個問題只有一個正確答案：你毫無生活可言。

那些年，「良好的平衡」根本沒有出現在我的人生字典裡。我們有機會做出一件可能極為成功的事，它也將劇烈影響每一個產業及活動，這種情況下你不會想到平衡，工作即生活。我日夜不休地工作了整整七年；每一年去超過二十個國家出差；我生下第一個兒子之前的那個週末，甚至整整三天沒有休息，都在辦公室裡準備歐巴馬總統的臉書直播。

我很喜歡在臉書工作。我開始明白，你在新創公司，但是自己卻沒有創新，你其實是在實踐別人（即使是家人）的願景。偉大領導者最出色的地方是，讓千萬人也看到他們的願景並且熱切追隨。但是我不能動搖我個人的熱情及夢想所在，那些是我想要投注心力的東西。讓我產生動機的，並不是別人的願景。

回過頭來看這一段過程，我發現了有趣的連結關係——我所有工作案都參雜了表演藝術！起初，藝術只是在外圍打轉，就像我創立的八〇後樂團。我想起為何會創造出臉書直播，很大的原因是我個人非常渴望打造出一個關於藝術的新頻道。

我非常非常非常努力試著要壓制我身上的藝術魂。在矽谷，你應該要把全副心力百分之百投注在新創事業上。如果不是這樣，會被視為偽創業者，也就是想要領導，但是沒有才能領導的那種人。至於個人熱情及興趣則被視為無足輕重、令人分心、自我耽溺、根本不必要的事物。如果你是女性，放大十倍；如果你姓祖克柏，那麼再放大一百倍，從以前到現在都一樣，科技業裡有一種嚴重的高株罌粟症候群（Tall Poppy Syndrome），也就是，你想出愈多能夠創造價值並且打造出個人品牌的想法，你個人就會引來愈多注意力。引來愈多注意力，最後你就會被大卸八塊、屍骨無存[8]。

當時的我正是如此，愈是站出去，就愈是有陰影。有些惡意的流言，像是「馬克・祖克柏有個會唱歌的姊姊」在網路上流竄。許多輔導專家給我建議，如果想在科技業出人頭地，尤其是個女性，你必須「不要那麼有趣」。

但是我不想那樣，難道我這麼努力工作是為了隱形嗎？難道我不能享受自己投注時間所獲得的成果嗎？許多公司似乎就是在這一點弄錯了，以為員工辛苦工作只是為了薪水，只要付錢，這些員工就會繼續埋頭苦幹，然而員工並不是這樣。辛苦工作可能是為了得到認可、感到自豪、被人接受、覺得在某件偉大的事情中貢獻己力、得到幾秒鐘的美名或惡名，或是具有強烈的工作道德感等等，錢是其一，但並不是唯一。

這些因素都是我離開矽谷的原因。當時，我的人生夢想清單上排名第一的選項來到我眼前，我有機會演出百老匯的《搖滾年代》（*Rock of Ages*）音樂劇！

從小學一路到大學，只要是可以自由運用的時間，無論在哪或用什麼方式，我都選擇投入戲劇。我曾非常確定自己會成為超級巨星，不過，這就是人生啊，時間快轉，到三十出頭，我竟然在科技業工作，和先生及兩歲兒子住在加州市郊，以為自己的夢想已經遠去了。

但夢想就是這麼有趣，有時它就在你最想不到的時候回來找你。有天我接到一通電話，完全是天外飛來一筆，那是《搖滾年代》的其中一位製作人打來的。他們在為這齣戲找一個「新鮮面孔」，想找一名科技業的人來客串演員。老天，這就是我一輩子在等待的機會！他該不會是想問我弟的聯絡方式吧？那就太難過了。幸好製作人說有好幾個人向他推薦我，你可以想像我鬆了多大一口氣，整個人高興得像要飛上天。況且還是百老匯音樂劇的主角！

唯一的問題是，就在那天早上（風和日麗的加州二月天），那通電話幾個小時前，我發現自己懷了第二胎。

製作人問我是否能抽身幾個月來演出這個角色，也許是在五月或六月。我迅速算了算什麼時候我的肚子會大到看得出來。從二月到五月……

「就這星期一怎麼樣？」我提議。

我笑中帶淚地和先生短暫討論了一下，然後又去諮詢我的醫生，幾天之後我就出發去紐約了，先生和幼子則留在加州。我演出《搖滾年代》裡的瑞吉娜・昆茲（Regina Koontz）這個角

8 "What is tall poppy syndrome?" Oxford Press. http://blog .oxforddictionaries.com/2017/06/tall-poppy-syndrome/

色，接到那通電話的三週後，我就在百老匯粉墨登場，中間只排演了八次。這種經驗實在難以形容，這麼說吧，那是我一生中最棒的時刻之一。但是，並不是每個人都同意我的決定。

許多輔導專家建議我不要去百老匯唱歌，要是我離開矽谷，穿上亮晶晶的舞衣大聲唱跳，那麼往後在企業界，我將不再被認真看待。而我是怎麼想的呢？我才不信這套。如果往後這輩子必須一直選工作，其他事情都犧牲不做，那有什麼意義？我這麼投入工作，就是為了有朝一日可以專注在其他事情上面，那時候我已經建立了名聲，而且工作這個選項已經被選了很多次，早就夠了吧。我很確定，臨死前我心裡不會想著：「哇，真希望我沒有去百老匯唱歌，這樣我就可以取悅那些永遠沒辦法被我取悅的企業專家了。」這十年來我都在完成別人的夢想和願景，我決定專注在自己的夢想和願景上。

獨立專業工作者及自僱者協會（IPSE）曾經做過一項研究，發現九百個自由工作者之中，有百分之六十八表示「比起受僱做同樣工作，自僱在工作滿意度方面比較好，整體生活也比較快樂。」[9]我離開臉書，開設了自己的公司，而且立刻就開始當顧問、演講，並為自己工作，可以自己決定什麼時候做或如何做。這種感覺很解放、令人興奮，而且，沒錯，感覺非常自由。

話雖這麼說，但我並不是要鼓勵任何在工作中不快樂的人都遞出辭呈。我知道很多人不會做出如我這般的決定，只是對我來說，這個決定是正確的。我希望成立家庭、打造自己的公司。有所取捨可以幫助你發現自己的快樂所在，雖然我希望有更多女性站出來創辦自己的事業，然而，每個人對於快樂的看法完全不同，也要看你處在人生的哪個階段，畢竟，你的快樂甚至可能會向你的老闆說：「把這個人晾起來吧。」

我雖然熱愛工作，但是我還稱不上是工作方面的心靈導師，所以我請了一位真正的工作專家，瑪麗喬・費茲傑羅（Maryjo Fitzgerald），她是成長最快的求職網站玻璃門（Glassdoor）的公關與企業傳訊經理。瑪麗喬告訴我，我這個工作狂並沒有哪裡不對勁，我們可以把自己定義為「事業心比較重」。但是，這並不表示我們可以只專注在自己的工作，其他都不管。「事業心比較重沒有什麼不對，」她說，「不過在生活各層面保持平衡是很重要的！」她同意我的理論，也就是有所取捨，不必試圖擁有一切，至少不是在同一時間之內。「當你需要專注在工作或人生其他層面時，可以允許自己在別的方面落後一點。」

瑪麗喬也表示，其實有很多人和我一樣事業心比較重。她分享了一份玻璃門的調查報告，發現美國人在帶薪休假的期間，真正請假的天數只有一半[10]。我自己就非常符合這份調查數字，有一年我因為某個案子獲得一週免費的豪華郵輪假期，但是我沒有去！不過是一週

9 Deane OBE, Julie, "Self-Employment Review," February 2016.

10 "Glassdoor Survey Finds Americans Forfeit Half of Their Earned Vacation/Paid Time Off," Glassdoor, May 24, 2017.

的時間，我就是沒辦法在日曆上找出空檔來度這個該死的假，現在才懊悔自己怎麼那麼傻！但是，當初工作似乎很重要，很多人都要仰賴我，我覺得不可以就這樣離開崗位。

瑪麗喬也認為當時的我真是腦袋壞掉，也許她不會說我傻，不過她確實說過休假對生產力是有助益的。「留點時間給自己很重要，美國的勞動者在這一點做得不夠好……或者說根本沒有做到。能夠從工作中抽身，我們會更有生產力。」看來我們應該按照斐濟時間來慢活一下了。

工作太過努力，完全沒有休息，會讓我們在工作上比較沒有效率。瑪麗喬說，過度工作在生理上、心智上，以及情緒的影響，會傷害到我們的產出品質。「如果你一天工作十個小時、十二個小時、十四個小時，你在工作上就不再是有效率的。我們的大腦需要時間休息，才能繼續有創造力、有策略，並且思考周全。你要找出更有效率的方法，而不是挑燈夜戰。工作時間比較長，並不表示你是個比較棒的工作者，品質比工作時數更重要。」

我只想說，瑪麗喬，拜託你和我的小孩談一下好嗎？他們是我碰過最難纏的老闆了。

說真的，其實我們都得要為自己取捨。這樣不是很好嗎？我的「選三」老是選工作，可能對你來說太過負擔。而選擇離職對某些人來說可能是恩典，但對某些人來說卻可能是殘酷的懲罰。瑪麗喬說：「工作與生活的平衡是因人而異的，關鍵是你必須反省自己的界線在哪，也就是什麼時候可能是不平衡的。你要清楚自己的底線，然後確實遵守。」我非常同意，我們都要有所取捨。

了解你自己、你的生活方式，以及如何分配時間及注意力，可以協助探索工作在你的「選三哲學」中，會是什麼樣的角色。

工作優先的投入者

這樣的人選擇投入工作是出於自己的決定，而不是情勢所迫。他們通常有親朋好友及社群的支持，而能夠把工作擺在第一位。

媒體常把單身的女性專業工作者描繪成企圖心很強、選擇不婚、不要有小孩的怪物，這讓我覺得非常挫折。我最不喜歡的說法是「她四十歲的時候覺醒了，才發現自己沒組成一個家庭。」哪有人到了四十歲才想到，噢老天啊，我忘記生個小孩了。

——梅琳達．亞隆恩斯（Melinda Arons）

希拉蕊競選總統團隊的前任媒體主管

我在演出《搖滾年代》之後被邀請為東尼獎的特派員，這表示我可以到後台去訪問明星和表演者，當時我懷孕五個月。我決定用科技風的穿搭來轉移焦點，好讓別人不要注意到我隆起的肚子，所以走紅毯時我戴著 Google 眼鏡（這眼鏡只走紅十五分鐘而已——我在東尼獎亮相時，差不多是在這十五分鐘的十四分四十六秒）。我身上具備了我這個人的各種元素：戲劇、科技、東尼獎，簡直完美。

有誰在科技業上班、又跨足東尼獎，而且也是個熱愛工作的人呢？在這交會處只有兩人：我和梅琳達．亞隆恩斯。梅琳達當時在我的老東家臉書公司負責監製與整合創意影片。那一年，她的任務是請東尼獎得主在臉書粉絲頁上貼文感謝粉絲。我們倆都愛戲劇和臉書，所以很快就結為好友，從那時起，我就是梅琳達．亞隆恩斯的迷妹。

對於某些在企業界獲得高成就的名人，他們的故事我們已經耳熟能詳。梅琳達．亞隆恩斯還沒有自立門戶，所以我才會找她談談我們這種工作狂。我知道還有好幾百萬人就如我們一般熱愛工作、充滿幹勁，甚至犧牲其他領域來專注在事業上，這些人絕大多數都沒有得到任何注目。某種程度上來說，這也讓我們比較能夠自由「選三」，因為外界不會一直盯著我們的一舉一動。

我很快就發現梅琳達與我的共同點。她總是被高壓工作吸引，但是她並不認為自己是個緊張大師。她只是想要投身在最棒的事物中，而且討厭沒有全心投入，任何事情都一樣，就連在生活層面亦同。她會花很多心力挑選要上哪家餐廳、要怎麼安排假期，每一樣事情她都努力做到完美。

這種人可能會被稱為A型人格，她自己說這叫做「小事做大」。她認為，既然可以避免，為什麼要浪費機會去上平庸的餐館呢？她把這種哲學帶進她的專業職涯，行動能量很高的地方她最如魚得水，周圍都是各領域非常高水準的專業工作者。

梅琳達的事業從全美深夜新聞節目《夜線》（*Nightline*）起步，她是推動節目活化轉折的關鍵人物。之後她到臉書工作，正值首次公開募股之後的急速成長期，發展蒸蒸日上，幾年之後，梅琳達離開炙手可熱的臉書高層職位，轉而投入較為低調的工作，她加入希拉蕊・柯林頓二〇一六年的總統競選陣營。

沒有多少人能像梅琳達那樣，毅然決然地離開令人稱羨的工作。她形容轉職的過程有如閃電那麼快，接到柯林頓競選團隊來的電話，只有五天時間決定要不要打包離開。在這時限內很難去衡量利弊，只能靠直覺與膽識來做決定。梅琳達定義自己的方式，向來都是以工作職銜或所屬公司的名氣，她絕對不是那種隨意做出不理性決定的人。連餐廳都要精挑細選了，何況是事業？在這個轉折點，她發現自己的決定有點冒險，將會影響往後的職涯，可是沒有時間找資料、與人深談，或是仔細衡量優缺點。眼前是個相當大的機會，在那種情況下，工作優先的投入者很清楚自己要做什麼。

（離開科技公司高強度的繁重工作，去一個更高強度而繁重的競選團隊——會做出這種決定，在我認識的人之中只有梅琳達。）

此舉是相當大的賭注，她離開的職位是很多人一生夢寐以求的，而她離開的理由是，她沒辦法袖手旁觀這場極具時代意義的總統選舉，如果是別人出馬競選的話，她或許不會這麼做，但這場選舉對她而言，就算是幫忙寫文宣也會很自豪。她告訴我：「二〇一六年的總統大選，是這個國家的靈魂之戰。」若不能以一向的專注力及工作強度全心促成她想要的結果，投票那一天早晨醒來看著鏡子時，她會受不了。

但是，每件事都是有得有失，梅琳達也承認，認真工作是有所犧牲的。正因為這樣，所有熱愛工作的人在某些時刻都會自問：值得嗎？（特別是她支持的對象並沒有勝選。）

對於工作優先的投入者來說，一路推促我們登上事業高峰的強烈驅力和動機，也可能讓我們忽略了生命中的其他層面。

值得嗎？我和梅琳達在人生某些時刻都曾捫心自問，任何在事業上有重大轉變的人也都應該問自己。對梅琳達來說，答案很肯定——非常值得。雖然選舉結果並不是她想要的，她卻非常自豪自己敢於冒險、一頭栽入未知。「以往我總是把自我價值和大公司的名氣綁在一起，現在的我終於掙脫了這種束縛。」

然而，若你在人生中任何時候是如此投入於某件事情，你必須要能綜觀全局。以梅琳達來說，注重事業，又住在大都會區，「大都會中的男人不需要在適齡時定下來，」結果就變成大家很熟悉的惡性循環，「拚命工作，碰不到合適的人；又因為還沒碰到合適的人，就更努力工作來填補空虛。」梅琳達告訴我，她能理解職業婦女蠟燭兩頭燒的掙扎，但為什麼沒有人問過她是否能取得平衡？為什麼有家庭的人才會有工作與生活的平衡問題？為什麼別人老是期待她留在辦公室加班，就因為她不用為了看小孩足球賽而趕回家？難道大家不知道嗎，她也想擁有個人生活，這樣哪天才可以同樣感受到職業婦女必須衝回家看小孩球賽的內疚感？

梅琳達對於這一點感到很焦慮，因為她的三項目標是那些已經有所選擇的人幫她決定好的。這讓她產生一種複雜的感受，想選家庭，但是又不太確定她適不適合拿這張牌。「選擇家庭並不是一個人的事。」

這是梅琳達第一次暫停事業發展。經過極度強烈的競選活動，以及令人失望的選舉結果之後，她需要沈澱一下。我想不會太久的，工作優先的投入者從來不會長期離開工作這個原生棲地，在你讀這段文字時，她可能已經跳回高壓強烈工作環境中。一年的休息時間對她來說已經妙處無窮，我在她的休息期間與她談話，她看起來容光煥發、充滿活力、輕鬆自在。梅琳達說這是人生第一次在三項目標裡面沒有工作這一項。她專注在朋友、睡眠，以及家庭。「我這個年紀的女人沒有小孩或許很奇怪，但是我和家人的關係讓我很自豪。」

她也承認，在她這個年紀的確具有一些能力可以暫時休息一下。她覺得自己在二三十歲那幾年奮力而長時間拚命工作，讓她取得某種條件及信譽，可以休息而不被外界評判；等她準備好再跳回去做工作狂，她對自己的能力也還保有自信。她說，如果是在二十幾歲時，她不會覺得可以這樣好好放鬆，而且老實說，「那時候也還不夠格可以休息。」

如果你覺得自己就像工作狂，那是很棒的事。讓工作成為你個人認同的焦點，很可能會讓你事業有成。只是要記得，若你一直偏重在人生某個領域發展，就表示你的三項目標裡面只剩兩個選項。因此你必須不時交替工作、睡眠、家庭、運動及朋友，盡可能平均分配。對工作優先的人來說，咬太大塊食物卻嚼不動，是很容易累垮的，尤其如果你一餐中的肉類主食、馬鈴薯、沙拉和甜點全部都是工作。**可以的話，至少一週要有一天完全不要選擇工作。**

在光譜另一邊，有人從來不把工作放在第一順位，仍然過著非常充實而且有意義的人生。這些人的「選三哲學」是：不要做什麼，用刪去法來決定，而且根本就把工作排除在選項之外。

提升你的工作戰力（而不會累垮）

如果你是個工作優先的投入者，想要提升工作戰力但是不一定要花更多時間在辦公室，有幾個訣竅可以幫助你：

- **成為意見領袖**

如果你想被視為某個領域內的專家，那就要創造內容來幫助別人。幸運的是，現在有許多方便的工具讓你設立部落格，或是在受歡迎的社交媒體上撰寫貼文。對你所屬的產業時事發表意見、撰寫你的看法，或是分享你自己的訣竅，這些方式都能讓你在業界躍升，甚至不必花很多額外時間。雖然你可能是大忙人，但我建議至少每個月要貼文一到兩則。

- **學習簡報**

就算你是全世界最棒的員工，但若不能用引人注目的方式有效傳達你的點子，終究還是會碰到職涯瓶頸。我看過太多傑出創業者，因為簡報技巧略遜於人而阻礙了其獲得的投資，或是沒能網羅優質員工。提升能力的方法很多：去找簡報教練、加入公開演講團體，或是參加訓練課程，這些對你而言都會有很大的助益，讓你的新創事業得到資金、宣傳、新客戶；以及讓你的點子往前邁進，獲得讚賞，甚至因此升職。

放心交代任務

工作狂的特點之一是，我們喜歡把事情全攬在自己身上。但要是你沒有慢慢開始卸下一些小任務，讓你能夠專注在策略性的工作，那麼你的事業將會碰到瓶頸。現在市面上有許多工具讓你可以僱用虛擬助理來做基本工作，讓你把心力放到比較有挑戰性的事物上。有些工作好比整理家務和煮飯，你可以分析一下成本效益，是否值得請人來做這些事，好讓你省下時間？

就是拒絕

這一點似乎有點反直覺，若能接下更多工作，不是會讓別人很驚艷嗎？然而比起爽快答應，更重要的是學習拒絕。當然，面對有些人時你很難說不，比如說你的老闆。但在事業上爬得愈高的同時，懸在你眼前的事就愈多。許多人會希望你花時間幫他們達到目標，而你應該不顧一切專注在你自己的目標，把眼光放在成就上。把自己經營得愈好，反而愈能夠幫助別人。

成為電子郵件高手

我知道你可能需要處理一大堆電子郵件，更別提塞爆你手機容量的簡訊、貼文以及其他所有訊息。你要訓練自己回電子郵件時必須盡量簡短。如果工作型態允許的話，也要訓練自己分批處理，一天之內只能分出幾段時間處理電子郵件，而不是整天不斷在收發郵件、干擾工作。還有，不必說你也知道，任何只要有一點點夾帶情緒或敏感的事，一定要用電話、視訊或是面對面交談。

放下工作的篩選者

這樣的人有意識地決定不要專注在工作，可能是退休、休假、辭職照顧家庭等等。他們或許不一定知道自己想要投入哪方面，但他們知道自己不想偏重在工作，不想用工作或事業來定義自己。

以前並沒有像現在這麼多外界輿論。許多女人都留在家，我的好朋友們都放棄成功的事業，全心投入家庭。我很同情蠟燭兩頭燒的媽媽們。有人可能要準備出門，但小孩生病吐了，這種情形讓她們分身乏術。

——凱倫・祖克柏（Karen Zuckerberg）
精神科醫師及四個小孩的母親

退出職場有很多理由，有些人覺得自己聽到工作以外的呼聲；有些人碰到財務問題或人生困境，因此必須辭職照顧家庭；有些人辛苦工作好幾年，現在要享受退休的果實；有些人因為另一半是工作狂，所以自己可以把全副精力投入家庭。

不管是什麼理由，大部分人並不希望人生中每一天都選工作，這是件好事。但是，短暫離開職場與長期離開，這之間是有差別的。我也真的很想知道為什麼有人會想要長期退隱。

我所認識的人之中，有意識地決定在三項目標中把工作除名，暫時也好、永遠也好，最能讓我學習的是一位最能幹又最聰明的全職媽媽，也就是我的母親，凱倫．祖克柏。

我的母親是醫師訓練出身的，她是學校中成績最優秀的畢業生，讀醫學院的時候就是超級媽媽了，不但有兩個小孩，而且在男性主導的場域中還時不時要應付性別議論，在這種情況下，她仍然高分畢業。畢業之後她開始多年住院醫師訓練，一週好幾個晚上必須在醫院值班，後來她決定放棄，專心做全職母親。花了這麼多年心力接受醫學教育及訓練，最後她發現自己並不想選擇工作，而是想在家裡專心帶孩子。她知道在她的人生中有些人不喜歡這個決定，或者會給她壓力，要她完成醫師訓練；但是她也知道，這是自己的人生，她不想對自己的選擇後悔。她覺得，晚上在醫院值班，把小孩留在家裡，這樣會有太多遺憾。

我問媽媽為什麼要那樣做？投資了時間、金錢及心力之後，在終點線前放棄是正確的選擇嗎？我也想知道她會不會希望自己當初堅持事業這條路。很有趣的是，我和媽媽坐下來談這件事，等於是在問她：「放棄你的事業值得嗎？為了我？」我從來沒有和媽媽這麼坦率地聊過她自己的目標和心願，包括全心投入母親角色而必須做出的犧牲。

她說，有小孩之前，她也不能了解這種想法，完全不知道為人母是什麼樣的感覺。她本來以為那是個簡單的決定，心想「當然會回去繼續工作啊！」但是這決定卻變成非常痛苦且困難。她不喜歡把小孩留給不熟識的人來照顧，所以，在兩難的情況下，她決定在家照顧孩子而辭掉工作。

媽咪的內疚感有可能是種傷害，內疚感會讓我們無法真的專注於追求成功、享受成就，而且也會阻礙我們「選三」。也許我沒有資格說這件事，畢竟每次因為出差而不能陪孩子入睡，我就會不斷自責。上個母親節我穿了一件T恤，上面的字樣是World's Okayest Mom（世上頂OK的媽媽），這句話太實在了。而真正實在的是，**做個好父母不一定表示每天都要把家庭擺在第一位，而是你在陪孩子的時間中，一定要完整陪伴、全心投入。**

總之，我媽媽似乎很滿意她的決定。畢竟我們大家都過得不錯。但是，她說有時候在雞尾酒會上，人家才和她談話兩秒鐘，一聽到她「只是個家庭主婦」就馬上走開，去和比較「有用」的人社交。聽到這裡讓我有點難過，就像很多年來她的自我價值似乎都建立在孩子及孩子的成就上。我問她有沒有什麼遺憾，她掉了一些眼淚，說起她以前一直以為她會有什麼樣的人生，其中包括擁有自己的精神科診所，然後她接著說：「當然有些後悔。但是如果再重來一次，我也不會做出不一樣的決定。」噢，媽，謝謝你。

但是當我問她，如果她的女兒想要追隨她的腳步成為全職母親呢？她說，這個她就要考慮一下了。停頓了好一陣子之後，她說：「我會支持她的決定，但是我會強烈建議她要有自己想追尋的目標，在需要的時候可以再度投入。某項興趣或是熱情所在，讓她可以建立自我身份認同，與擁有孩子是分開的。」

同時她也認為，很多人的確是在家庭裡找到更深的熱情及意義，而且辭職對他們來說顯然是正確的決定。「關鍵是要找到你的熱情所在。你對某樣事物有熱情，就會有讓你去努力追求的目標，這對你而言會產生意義。」所以，如果你像我媽媽，為家人付出就是你的熱情所在，那是很美好的事。

我媽媽說，全職母親最難面對的就是孩子長大了，組成家庭後搬得遠遠的，不再打電話或發簡訊來。聽到這裡我也非常震驚，而且有點內疚。她一時哽咽說不出話，接著解釋說：「做媽媽就是這樣，如果你把這個工作做得很好，最後就不再被需要了。」這一點我有不同意見。無論我們人在哪裡，無論我們在做什麼，永遠都需要媽媽。

最後媽媽說：「只要看看我的孩子成為什麼樣的大人，每一個孩子我都覺得與有榮焉，真不敢相信自己竟然是這麼幸運。」我只能說，我才是那個最幸運的人，也盼望有一天我兒子也會這樣對我說。雖然我沒有退出職場，但是討論到最後，我真的能夠同理某些人為什麼會做這樣的選擇。

然而，如果你曾經退出職場，但是現在改變心意想要再選擇工作呢？當然，這在很多情況下是有道理的。小孩會長大，財務及物質狀況改變了，再把蒙塵的碩士學位拿出來用一用，突然間變成是一種受歡迎的冒險。

根據《哈佛商業評論》出版的一份研究，具有足夠學經歷資格的女性中，約有百分之三十七的人曾經辭職一段時間，在這些人之中，只有百分之四十的女性再找到全職工作，百分之二十三找到兼職工作，百分之七成為自僱者，百分之三十根本不再回到職場[11]。專攻女性二度就業的人力招募公司艾普雷（Après）創辦人及總裁珍妮佛・傑夫斯基（Jennifer Gefsky）說，具有大學或以上學歷的女性有超過三百萬人正在試著找工作。

最近我邀請珍妮佛到我的財經電台上節目，請她對先前離開職場而現在想再回到工作領域的父母提出建議。她告訴我的聽眾：「你應該接納事業中斷，不要怕履歷上有幾年空

---

11 Hewlett, Sylvia Ann and Carolyn Buck Luce, "O-Ramps and On-Ramps: Keeping Talented Women on the Road to Success,"Harvard Business Review, March 2005. https://hbr.org/2005/03/o-ramps-and-on-ramps-keeping-talented-women-on-the-road-to-success

缺。我們都能明白，這沒什麼大不了，你就好好地經驗它、擁有它。」

有誰能比珍妮佛更理解呢？她以前是美國職業棒球大聯盟的副總顧問，也是該組織職位最高的女性，為了照顧家庭而辭職。她再進入職場時生氣蓬勃，創辦了自己的公司。她說，企業界不夠重視人生這所學校，「人生經驗很重要，我現在比三十五歲時擁有更多可以分享的事物。」

對於有可能會在某些時刻放下工作的人，珍妮佛提點了幾個訣竅。例如，如果你要離開職場，但是未來有任何一點可能性再回來，並且再度投入工作，那麼，重要的是，**要思考如何維持你的技能，而且還要能夠一腳卡在門內**。不過珍妮佛也提醒與工作有關的技能確實是比較重要的。我很驚訝聽到她說：「如果你在履歷上有家長會委員這一項，那麼你的履歷非常可能直接被送進垃圾桶。但是如果你的履歷是寫『我為學校募得十萬美元』，這就是一項能夠帶著走的技能，在任何企業環境中都會被視為是有價值的。」

我生下二寶之後決定放下工作一陣子，整整三個月的時間，感覺實在是太爽了，因為我先前甚至沒有休假超過三週，那是另外一個故事了。我想說的是，自願離開工作一段時間，對我這種工作狂而言有點怪異。當時的我是自己開公司、接案子，不工作就代表沒有客戶，也就沒有收入。

珍妮佛離開職棒大聯盟之後，也有同樣的顧慮。決定要離開職場前，一定要仔細思考。

你現在的薪水可能無法僱請全天候保姆，因此決定辭職回家帶小孩。但是我們忘記了，薪水會逐年增長，而且還有其他福利，例如健保、退休金等等。你現在可能不覺得有差異，但就像珍妮佛說的：「潛在的收入損失會造成衝擊。」而且可能要過好幾年才會明朗。所以，決定離開職場之前，確實了解你會損失什麼很重要。

我強迫自己休育嬰假之前，就與我的財經電台討論要開一個談話性財經節目。他們願意提供錄音設備放在我家，這樣我在育嬰假期間就可以開始錄製。在我投入於帶小孩時，這是讓我可以把一隻腳卡在職場門內的最好方式。

只要一週做一小時電台節目，就能讓我與財經新聞及潮流保持接軌，並且維繫我在這個圈子裡的能見度。自製廣播節目可能不是對每個人都適用，不過你可以想出一些小計畫來做，以保持與人對話、維繫人脈的機會，對未來會非常有幫助，特別是如果你將來還想接觸到這些人脈。珍妮佛也建議，至少一週要安排一次社交聚會或打電話，把這件事擺在第一順位。為了讓自己保持在業界的能見度，可以考慮寫部落格、參加非營利團體、或在領英（LinkedIn）維持一個常設的專業帳號。

在這裡我要向所有選擇離開職場、擔任照顧者角色的男人說幾句話：事業中斷以及如何二度就業的建議適用於所有人，不只是女人。皮尤研究中心有一份研究報告，估計美國大約有兩百萬個父親沒有外出工作，其中百分之二十，約四十二萬名男人表示是為了照顧家庭。這個比例是一九八九年的四倍，當時只有百分之五的男性為了全職照顧家庭而沒有外出工作[12]。男人確實是沒有在全職照顧家庭的方程式中缺席，我們要向你們致敬！

如果你也離開職場，不管是像珍妮佛那樣短期中斷，或是像我媽媽這樣長期退出，我也要向你表達我的敬意，在你生命中的這些人非常幸運能擁有你。退出職場其中有一件好事是，你在人際關係方面通常會得到豐富的回饋（我媽媽是我最要好的朋友之一），其結果延續不盡而且珍貴無價。

我和母親及珍妮佛談過之後，還想特別提醒一點。放下工作的人一定得注意，**不要把身份認同及自我價值緊緊綁在其他人身上**。不管我們在其他人身上投注多少愛、時間及精力，我們還是不能控制其他人做什麼，也不能控制他們要多麼感激你。珍妮佛和我媽媽都提到，擁有自己的計畫或興趣，對放下工作的人非常重要；如果將來可能有一點點機會再次踏入職場，那麼你要試著和業界保持一點聯繫。就像珍妮佛說的：「你要很清楚付出的代價有多少。伸出一隻腳卡住那扇門，每個星期做一件事來維持參與。」

身為直言不諱的典型紐約人，我媽媽說：「如果你沒有做一些什麼事，別人對你不會有興趣，不會想和你有任何連結。」如果你真的決定回到職場，不要遲疑，直接開始。站出來之後就會有好事發生。

卡住那扇門

許多人會在事業中場休息一下。有時候是短暫休息，有時候時間比較長。如果你認為將來有一天會回到職場，這些是讓你卡住那扇門的幾個訣竅，如果你未來選擇再度把事業放在第一位，就會比較容易。

・大量閱讀

保持接觸時事及產業趨勢，便可能和很有價值的人脈展開深度對話。如果你在讀的東西或學習的內容讓你非常有興趣，你可以考慮偶爾寫部落格文章，或是自己做一個播客（podcast）節目，談談你感興趣或專長所在的話題。

・保持人脈

不要和前任老闆或同事失聯，有一天你可能需要他們為你寫推薦信或介紹你。記得在社交媒體上與你的專業圈至少保持一點點聯繫；每逢年節要寄卡片，每年至少打個一兩次電話保持聯絡。

12 Fishman Cohen, Carol, "Honoring Return-to-Work Dads," iRelaunch, February 1,

・做志工

但是要有策略性。要看你想保持聯繫的產業而定，某些志工活動的技能可以更靈活地運用，而且能帶著走。

・跟上科技腳步

你所在的產業科技有沒有什麼改變？記得要跟上改變的腳步，甚至偶爾去上課進修或請家教。愈是跟得上科技，未來再度進入職場時，所有工具都改變了，你就愈不會感到不堪負荷。

・實習

不要害怕沒有薪水或臨時兼差的工作。也許在小孩放暑假去參加夏令營時，你早上會有一段空檔，可以在家工作幾個小時。有些公司會有一種比較正式的「二度就業」實習計畫提供給再度就業者。

另起爐灶的革新者

在職涯上碰到瓶頸的人，必須另起爐灶、重新擬定事業計畫。

失敗也可以是一件好事。那時候我做的事看起來很勇敢，當時自己並不知道。輸掉選舉是一個很棒的禮物。我沒有死掉，而且我活得夠誠實。這並不表示沒有後果，但是我不會覺得虛偽。

——芮希瑪．索雅妮（Reshma Saujani）
編碼女孩（Girls who Code）創辦人

另起事業爐灶並不容易，有時候不管你做什麼，不管多努力去嘗試，就是一直不斷碰壁、碰壁，再碰壁。我離開臉書之後，有一陣子非常沒有安全感，擔心自己不再隸屬於全球最火紅的公司，以後沒有人會在乎我了。我除了是某個人的姊姊之外，還會是什麼？

幾星期前，上美國國家廣播公司的財經節目討論一個我即將推展的新計畫，這件事和臉書完全沒有關聯。但是主持人介紹我的時候說：「今天馬克．祖克柏的姊姊來到我們節目中。」於是我回答：「對不起，我還沒有正式改名為『馬克．祖克柏的姊姊』，所以，請叫我蘭蒂吧。」轉移陣地之後我花了幾年時間才取得自己的成功，但是又過了好一段時間，我才真正有自信去擁抱我個人的改頭換面。

其實，我們大部分人都處在重新塑造自己的過程當中，也許那就是你會閱讀這本書的原因，學習如何好好重構事業、重新定義生活，或是完全換個方向。世界變化很快，只在一間公司待過大半生的人，在公司倒閉之後，突然發現自己沒有什麼選擇；捧鐵飯碗的人，現在也看到科技時代中沒有什麼職位是真正安全的。這個世界到處充滿有動機、有企圖心而被迫成為革新者的人。

就拿編碼女孩（Girls who Code）創辦人芮希瑪．索雅妮（Reshma Saujani）來說吧。我在二〇一〇年初識芮希瑪，當時她正在競選眾議員。事實上，我第一次捐錢給競選活動，就是捐給芮希瑪！雖然這次選舉她沒有贏，接下來競選紐約市公共議政員也輸了，但芮希瑪對社區領導及改變的熱情卻發光發熱，我非常榮幸能支持年輕女性提出如此有企圖心的政綱。

在短時間內輸掉兩次選舉，人們很容易就會厭倦；普通人多次碰壁而且被公眾拒絕，可能會就此放棄。幸好芮希瑪不是普通人。她仍然堅持初衷，想藉由公眾服務來回饋社會，於是她重新定位自己，擔任了我所見過最厲害的樞紐，編碼女孩的創辦人。編碼女孩是一個教年輕女性寫程式的非營利組織，以增加女性在電腦科學領域中的就業人數。從各方面來說，她真的是另起爐灶的革新者。

芮希瑪是在兩次競選失敗之後改變她的事業走向。她開玩笑說，其實那甚至不能算是一個選項。她說，每一次競選失利，編碼女孩就更強大，並且隨著挫折而成長。雖然她的使命一直都是成立編碼女孩，本來是打算由別人來經營，自己在公部門服務。「也許老天爺可能不是這樣安排的，或者應該說，這種事不是任何人可以安排的。」芮希瑪承認，「競選公共議政員失敗，還有讓電腦科學進入每個教室的計畫遭到凍結之後，我心想：『去你的。我自己來做，我要自己動手搞出這件大事。』」其他人在這種情況下可能會退縮，但芮希瑪卻利用失敗的痛苦躍得更高，創造出影響力更大的事物，任何人都想像不到。

幾年之後，芮希瑪說她終於能夠承認，選舉失敗就像一個禮物。她當然會失望，而且必須認清她可能再也沒有機會從事夢想中的政治工作，但是她覺得自己終究能夠抬頭挺胸，因為她試過了。她努力過，而大部分人甚至怕到不敢涉足。

我在每一週的廣播節目上都會與成功人士談話，大部分創業者都經歷過失敗、拒絕、失望。但是，真正定義你的時刻是，對於失敗，你做出什麼反應，你內心那個革新者如何重新開始拼湊這些碎片。芮希瑪的經驗讓她重新定義何謂成功，而成功對現在的她而言就是經營一個出色的組織，為女孩創造以前從未有過的機會。

最近芮希瑪當媽媽了，這更是一連串的喜悅與挑戰。芮希瑪和我開玩笑地聊到出差時總是出現媽媽的內疚感，她引述阿瑞安娜．赫芬頓的話：「我們把嬰兒生出來，把內疚裝進去。」芮希瑪對我說，有一次她決定帶兒子出席一場演講，她的保姆在最後一刻出狀況，活動當天不能為芮希瑪照顧小孩。「我正要上台對全國州長演講，兒子卻開始發脾氣。」她形容的那個狀況大概許多家長會有同感——小孩每次都很會挑時機！「我的團隊看著我，表情是『哇』。而我當然心想：『為什麼我要這樣對待自己？早知道應該把他留在家的。』我和孩子在一起的時候比較快樂，但結果通常是更加混亂。」

除了這些玩笑，我真的很欣賞芮希瑪在人生十字路口的智慧，她不斷自問怎樣可以做得更好，不斷把自己推出舒適圈外，把自己推向能力的極限。她發現自己年紀愈大，就愈不會去做輕鬆好過的事；而且，測試自身極限的時刻，才真正讓她感覺到活著。

何時該與客戶分手？

如果你是約聘人員或自由工作者，身為另起爐灶的人，有時候你要知道什麼時候該和難纏的客戶分手。把上門的生意往外推，這聽起來很像是大牌的人才會煩惱的問題。然而，你其實不該讓別人從你的身上拿走屬於你的才能與時間。

幾年前我到新德里去參加一個科技研討會，飛了大半個地球，為了一個三十分鐘的專題演講，內容是社交媒體的未來以及「數位印度」的重要性。數位印度是一個計畫，要在二〇一九年前把科技基礎建設推展到每一個印度公民身上。這個研討會聽起來很令人興奮，而且絕對是我的主掌領域所在。我非常榮幸能受邀為一場座談會與談人，出席者還包括Google在印度的總裁，他橫掃全國，大推數位進展。

但是一到印度，我發現完全不是那回事。印度仍然是個男性至上的國家，我也聽過一些印度女性說她們在那裡碰到「非常、非常、非常多玻璃天花板」。排在我前面那位男性講者說得太久，於是我的演講竟然從三十分鐘被砍到只剩六分鐘。這場數位印度研討會中只有我一個女性，而且我唯一被問到的問題是，如何在育兒和工作之間取得平衡（超典型的）。這個問題讓我大翻白眼，其他男性講者都沒有被問到這個問題。當然，是有人付錢請我出差工作，但賺這筆錢讓我覺得愉快嗎？完全沒有。我毫無用武之地，而且尷尬到不行。

這對我的啟示是，**如果你為自己工作，請重視自己的價值**。工作報酬要設好，找出一個說出來不會苦笑的數字，然後再往上多加一點點。愈是把基本規則設定好並且確實遵守，其他人就愈尊重你的價值。假如和哪個客戶合作不來，那麼你要知道，重新建立事業有時意味著，你該動手大掃除了。

看過這些革新者的描述，你會不會覺得，其實我們都有類似經歷？我們長大的過程中都曾懷抱夢想，想成為怎麼樣的人、要做什麼樣的事，然後……你知道，人生就是這樣。當你讀到描述偉大創業者的內容時，通常會聽到「轉折點」的概念，或是對市場變化要能迅速靈活反應，才能把你的事業設定在正確的軌道上，就算必須抹煞原本的計畫，做出完全不同的事。一般人也會有轉折，很少人能夠做到小時候的夢想。我們所有人都會碰壁，都會走到死胡同裡。

像芮希瑪這樣另起爐灶的人，有毅力又夠大膽，她知道如何留住那些派得上用場的專業，並且放掉那些沒有出路的部分。很多人在事業上卡住，認為走出舒適圈、進入未知是困難的，而成為革新者的重要特質就是能夠靈活應變。如果芮希瑪沒有經歷失敗，她不會有辦法克服並獲得成功，為自己的事業及全世界都帶來偉大的改變。

轉折的藝術

轉換事業並沒有完美的時間點，有時候可以有選擇，有時候是工作規劃出現了無預警的改變。但若你哪一天醒來時，突然明白自己走在錯誤的事業軌道上，那麼你當然要做點什麼。你並不孤單，我們大部分人在某個時間點會轉換工作跑道，在同一家公司裡換到不同職位，或是成為約聘人員或自由工作者，甚至是成立自己的事業。

・請教別人，但重要的是你的想法

很多人會告誡你哪些事情可能會行不通，通常他們是因為愛你，所以勸你不要冒險（畢竟改變是可怕的）；但是也混合了某種嫉妒的情緒，因為他們可能希望自己也能大大改變一番。如果你的心告訴你，該是轉換的時候了，那就不要因為別人的恐懼而阻擋你。

・盤點你的技能，以及你喜歡做什麼事

通常只要你能找出自己喜歡做什麼、擅長什麼事，就會找到許多能發揮你的技能的產業。建立在這些產業中的人脈，或是參加當地相關聚會，找出哪些技能需要補強。

・更新個人檔案

別人可以用 Google 找到任何關於你的資訊，不管是個人網站還是社交媒體帳號，都要經常更新，並且寫上你做的專案和具備的技能。因為你開始轉換了，別人可能不一定知道。

．時間是關鍵

如果你要開始對外說明你的改變，一定要確定你已經準備好下一步。如果有人提供新工作、新客戶或是機會，但你沒有接住，你會發現別人就變得比較不願意提供第二次協助。所以你要有清楚的行動計畫，才能在機會來臨時採取行動。

．做就對了

老實說，對你的人生、對你的靈魂，有時候最好的事情就是做出重大改變，並且全力以赴，不要拖延。如果你知道你想做什麼事，那麼你的想法和渴望已經完備，需要的只是跨出那一步。最壞的情況就是不成功，那你就去找另一個工作。冒險從來就沒有所謂更好的時機，我替你感到興奮！

不是為自己工作的超級英雄

為了支持心愛的人，如配偶、好朋友、家族企業等等，因此把重心放在工作上。這樣的人努力工作並不是為了被表揚獎賞。

這麼多年過去了，我們之間的濃情蜜意還是多到有點不正常。很多伴侶在白天是分開的，但我們每天二十四小時都在一起，從來不會想要逃離對方。我不知道這是好是壞，但是我們自己覺得很好。

——布萊德．武井（Brad Takai）
喬治．武井的經紀人、丈夫

有時候我們會投入某個領域，不是為了自己，而是為了所愛的人。我先生的確就是這樣身體力行。當我接到那通可以在百老匯表演的電話，我先生立刻就變成在加州的單親爸爸。我每走一步，他都支持我的決定。最後演出時，他又飛到紐約來看我表演，那是第六次。演出過後，他幫我打包回家的東西。雖然我非常高興能回家，但是在往機場的計程車上我一路都在哭，可以說是哭到不成人形，計程車司機得把廣播音量調高，因為我實在哭得太大聲了。飛機落地時，我先生提議我們就此搬回紐約長住，雖然他不知道是否能找到與在矽谷同樣的工作，但是他這樣對我說，我好像整個靈魂都輕盈了起來。這個男人曾為了與我一起在紐約而拒絕了加州的工作，幾個月後我決定搬到加州，和我弟一起發展臉書，他又為了我搬到加州。他這次則是說：「你這麼愛戲劇，你這樣的人，住在加州市郊怎麼會開心？我會找到一間大公司去工作，我們會給兒子們找到一所很棒的學校，就這樣做吧。」

因此，二〇一五年夏天，我們搬到紐約市，再也不回頭了。雖然在酷寒的二月份，我們總有幾天會質疑自己的決定，但現在，我是東尼獎和琪塔．里維拉獎的評審，我很高興被要求每年看六十場表演。我先生剛開始與我約會時，還說不出三齣音樂劇的名字，看過的表演用一隻手指頭就數得出來，現在卻都把週末時間花在陪我看表演上。過去五年百老匯推出的戲，每一部他都講得出名稱，對戲劇主題曲的知識堪比克莉絲汀．錢諾維斯[13]。

我先生就是個超級英雄，這樣的人投入在工作，是為了要支持深愛的人的事業熱情。除了我先生以外，沒有人比布萊德．武井更優雅、充滿熱情且奮不顧身地投入這個角色。

大部分的人都認識布萊德的丈夫，著名的演員喬治．武井，他在《星艦迷航記》（*Star*

Trek）中扮演艦長蘇魯。布萊德和喬治已經結婚九年，在一起三十年。布萊德承受著好萊塢事業的起伏，他給丈夫鼓勵和指引，並在許多方面改變了自己的身份認同來支持丈夫。

喬治和布萊德在一九八〇年代早期相識，布萊德當時是全職新聞記者。他喜歡慢跑，喬治也熱愛這項運動，他們在洛杉磯跑者陣線相遇，這是一個男同志與女同志的社交跑步俱樂部。他們一起在銀湖水庫約會（當然也是跑步），接下來就情訂終生。十八年來，兩人之間的關係一直保祕，到了二〇〇八年，喬治和布萊德經過二十年交往，終於合法結婚，成為家庭伴侶。

布萊德並不是一直都是喬治的經紀人，他很重視自己新聞記者的事業，也熱愛這份工作。但是他們的關係從單純只是伴侶，漸漸也轉變為工作夥伴。布萊德這才明白，和喬治比起來，自己比較注重細節，而喬治則著迷於高深的藝術及哲學。「他總是思考一些宏大的觀念，能不能準時搭上飛機就沒有在管了。我是個新聞記者，很注意細節和記帳，我們是可以互補的組合。九〇年代之後，我們就成為武井團隊，一起度過生活和工作的起起伏伏。」

喬治比布萊德大十七歲，他的角色是導師，然而布萊德在生活方面則是可靠的照顧者。「每天早上我總是為喬治端上一杯熱綠茶及一份《紐約時報》，如果買得到的話。就算我們白

---

13 克莉絲汀·錢諾維斯（Kristin Chenoweth）是百老匯音樂劇女演員，曾擔任東尼獎的主持人。

天有點爭執或鬥嘴，每晚還是一定會親吻彼此再入睡。」布萊德說。

喬治是武井團隊的招牌，是原版《星艦迷航記》唯一還活著的主角。所以每當他們一起出席科幻題材的聚會時，喬治總是目光焦點。為此，布萊德卻說：「十年前我都是不露面的，但喬治認為要和觀眾們分享生活。我們一直都在一起，所以他總是把我拉進去。現在人們也會想要我的照片了。我是內向的人，也覺得自己很幸運，從來沒有嫉妒過。」

布萊德和喬治之間的工作關係能夠順利，是因為他們倆的感情很好。布萊德認為，每天二十四小時都在一起對兩人關係有好處，能夠零時差地討論每一件事，所以他們總是能夠把事情處理妥當。「事實上，要走到現在這個地步，我們必須有所取捨。我們的工作和私人生活為什麼可以運作得這麼順暢，祕密就是：我們都是工作狂。」

喬治遇見布萊德時，已經是家喻戶曉的人物了。一九六五年《星艦迷航記》原創人尤金・羅登貝瑞（Gene Roddenberry）選喬治扮演艦長蘇魯，這對喬治而言，是一個可以對幾百萬人說話的發聲管道。他想要把這個發聲管道運用在有意義的事物上，所以他開始講述自己身為日裔美國人、在二次大戰時被送到集中營度過童年的故事。後來布萊德與喬治相遇，這也使布萊德了解，支持喬治就代表支持他的熱情所在。所以，作為武井團隊的一部分，布萊德擁護丈夫的決定，對抗不平等，以及說出不太為人所知的美國歷史黑暗面。「人家給你這個舞台，你如果不去利用，那就等於是沒有幫上忙。被迫處在一個做對的事的位置，有時很有挑戰性，而且也很值得。」

布萊德樂意當喬治與好萊塢和外界的中間人，他什麼都幫喬治張羅得好好的，面紙、維他命、綠茶。「我自己在想，我們從來沒有找過婚姻諮商或治療師，因為我可以不在乎那些小事。喬治是個藝術家，所以我讓他有自己的空間。成熟的個性真的有幫助。我在三十幾歲和喬治在一起，那時喬治四十幾歲，是一輩子的承諾了。我對離婚真的不太能理解，我自己的爸媽離婚，但我無法想像我會和喬治分開。我的承諾給了這個人，那麼往後就不是我而已，而是我們。」

令人難過的是，喬治和布萊德在一起的時候，美國的同性戀族群所面臨的障礙比現在多。喬治當時快五十歲，布萊德三十出頭，他們幾乎不可能有小孩了。「我們當時是未出櫃的同志，這對小孩來說不公平……如果你認識我和喬治，就會知道我們會是很好的父母。如果我們生命中有幼小的孩子，我們會投注很多情感。喬治喜歡小孩，他會是很棒的父親。現在我們沒那個體力了，我們一人已經八十歲、一人六十三歲。」

如果你就像布萊德或我丈夫，為了配合生命中的某個人而改變跑道或轉換事業，那麼你就是個超級英雄！這樣很棒，能夠自由地奉獻自己，並且把工作技巧用來幫助親愛的人。其實我覺得現在就應該去給我先生一個大大的擁抱，因為如果人生中沒有強大的後援，是不可能達成任何成就的。

這整本書都是有關「選三哲學」，而你大概已經能贏過我，因為如果你是工作的超級英雄，那等於是同時選了兩項目標，這是人生重大成就，然而這也代表你的獨立自我意識要夠強，自己至少要有一樣或兩樣興趣，不管是日常運動、音樂類型，或是正在閱讀的一本書。自我意識非常容易被你所愛及支持的人所吞噬，特別是當你的事業決定都是為了所愛的人。你不必為了家庭而失去自我。

布萊德·武井也坦承，他偷偷擠出自己時間的方式就是看實境秀電視節目。「晚上喬治讀日本小說來增長智識時，我會用手機下載像是《家庭主婦》（*Housewives*）、《生存者》（*Survivor*）等實境電視節目來看。他對實境節目一點興趣也沒有……。他還喜歡看莎士比亞，對我來說那就像看著油漆乾掉一樣。」

我離開臉書之後，花了幾年時間才感覺到找回自己。即使你輔佐某個人達到事業夢想而覺得非常有意義，希望你還是一定要保持幾項自己的興趣和活動。

演員兼歌星、作家兼導演。以前通常是演藝人員在職業欄加上斜槓，但現在愈來愈常見的情況是，朝九晚五的工作用來付帳單，五點到九點的工作則用來圓夢。這叫做副業，其實它可以賺到錢，甚至能讓你辭掉白天的工作來追隨夢想。

《創智贏家》（*Shark Tank*）的戴蒙・約翰（Daymond John）在餐廳工作四年，一邊試著建立自己的服裝品牌FUBU，現在這個品牌價值幾百萬美元。還有《醉後大丈夫》（*Hangover*）裡的韓裔演員鄭康祖，他是領有執照的醫師，同時也從事單口喜劇表演，在電影《好孕臨門》（*Knocked up*）片中演出之後，事業開始高飛。然而副業並不是要你忽略白天的工作，完全寄望在某個願景上，沒有那麼簡單。只要問問霍克・豪根（Hulk Hogan）就知道了，他的速食餐廳撐不到一年就經營不下去了。

葉提娜（Tina Yip）是播客節目《五點到九點》（*5 to 9*）的共同創製人，節目內容是針對踏上尋夢道路的朝九晚五上班族。「有一份副業是探索熱情的重要方式，副業等於是一幅空白畫布，你可以在上面百分之百揮灑自己。沒有人會評判你，你愛怎麼做都可以！不管你有多愛你的工作，那都只是在幫別人圓夢罷了。而副業就是在圓自己的夢，而且把代價降到最低；副業是可以百分之百做自己的地方……不過，嚴酷的現實是，我們為了生存與經濟需要，被迫去找更賺錢、而不是我們喜歡的職業與機會。為了讓事業更切合自己的熱情，我們要更有創造力，而且要找到方法來結合兩者。」

好吧，我們來看看有哪些創造副業的方法：

· **找到目的，並自問原因**

每當你想到一個構想，問問自己為什麼你會想做這件事；這件事會不會是更高的目標，以幫助你成為你自己。許多副業計畫到最後煙消雲散，是因為我們只靠著自己的第一直覺，不久之後就發現自己並不是真心想要做這件事。不過，當然如果你的副業目標只是做實驗，想要盡量多嘗試各種讓你有共鳴的事物，那你就放手去做吧！

· **擬出為期三十天或一百天的專案計畫**

這是一個建立結構的好方法，讓你能夠掌握副業發展。

· **排定會議及預算**

要把副業計畫當作真正排定要做的事。如果你能撥出時間和美甲師約好，到時候也真的去了，那你就能排出副業所需的會議和時間。

· **盡量告訴許多人**

你永遠想不到人們有多願意幫忙。

創造工作服務的獲利者

有些人創立事業是為了因應其他人想要在三項目標中選擇工作。他們協助這些人可以偏重在工作上，而且順便也賺到錢。

我唯一後悔的是，沒有早點成為創業者，我可以早一點離開上班族的職場世界。我希望當時我能那樣做，但是那時我並沒有這種心態。如果你有這種心態，那就去實踐它。

——莉雅．巴斯克（**Leah Busque**）
任務兔子（**TaskRabbit**）創辦人

有些人的事業就是扮演現實生活中的神仙教母，幫助那些想要工作的人。不管是作為人力資源公司、職業顧問、教練、導師或是天使投資者，我知道我想訪問的對象是，他們在三項目標中選擇工作，而他的工作就是在幫助別人選擇工作。

莉雅．巴斯克（Leah Busque）就是這樣的人。莉雅是任務兔子（TaskRabbit）的創辦人，協助使用者聘雇在地的自由工作者來做日常生活的雜務，例如打掃、搬家、寄送、修繕等等。她的公司最近被宜家集團（IKEA）收購，這家公司因販賣超難組裝的家具而出名。有些人有空閒時間，而且想要運用這些時間來工作，莉雅建立的平台就是幫助這些人服務另一群專注在事業發展的人，把生活中的雜務工作外包出去。

莉雅會創辦這家公司，是因為市面上找不到這種服務來完成她自己的需求。當時莉雅和先生正要和遠道而來的朋友外出用餐，但家裡的狗食沒了。她知道可以差鄰居跑個腿，買回一罐狗食，接著，身為工程師的她，就此發現這是一個市場缺口。怎麼沒有人做一個手機應用程式可以結合地點與任務呢？就這樣靈光一閃，莉雅知道她應該去發展這種服務，把能夠協助雜務的人集合起來，為供需雙方提供真正的機會。她用自己的資金以及一年時間來發展這個構想，然後辭掉IBM的全職工作。

任務兔子在剛成立的階段是個媽媽組織，老實說吧，有誰比媽媽更需要把雜務外包出去？媽媽使用任務兔子上的幫手去百貨公司和雜貨店採買，或是去乾洗店取回衣服等等，什麼都有！而媽媽的人脈網絡非常強大，口碑如野火般迅速傳開。剛開始只在幾個鄰里社區中推行的服務，後來迅速擴張，而且莉雅發現全國各地都有使用這個應用程式的服務者。莉雅不只是創造了一個很棒的科技平台，更開發出一個全新的市場。

供應與需求雙方都有非常強烈的需求。在供應方，由於二〇〇八年的經濟危機，完全不缺願意以彈性工作時程來賺錢的人。就連想要保持活力的退休人士也找上任務兔子，在晚上及週末工作賺外快的上班族也一樣。

在需求方面，有媽媽、忙碌的上班族，以及臥床的人都需要任務兔子的服務，以減輕日常負擔。莉雅說，有一個特別突出的事例是一位住舊金山的母親，她的二十一歲兒子住在波士頓，因為癌症的關係，必須在麻州總醫院治療。

「她很想經常飛過去看兒子，卻沒辦法。她找到我們的網站，聘請某個人每天都去看他，坐著陪他，帶餐點給他吃，然後每天打電話回報他的狀況。那個接案的人也是一名媽媽，久而久之，這兩個女人之間建立了非常緊密的連結。」莉雅非常榮幸她的公司能幫助人們重新定義誰是鄰居、誰可以信賴。她很自豪一手打造的平台利用科技把人結合在一起。

如果你是創造工作服務的獲利者，你的熱情與驅力在於幫助其他人實現專業目標，這真的很令人欽佩，恭喜你這麼有使命感、做這麼有意義的事。但同時，這樣的人也非常容易只偏重工作。你可能已經是工作優先的投入者，如果再加上其他工作投入者的傾向，那就很容易變成每次交談、每次互動、每個時刻都是在工作。

你一定要留出一些時間給某些不只是因為工作來找你的人。在你的行程中排一些無關你的事業、也無關幫別人找事業的時間。

試試走動式會議

泰德・依坦醫師（Ted Eytan M.D.）是凱瑟裴曼奈特健康中心（Kaiser Permanente Center）的醫療主任，專精家庭醫學，焦點放在全人健康及多元文化，並且也是「走動式會議」的倡議者。

二〇〇八年，泰德在他的網站上貼出一篇文章〈走動式會議的藝術〉[14]。泰德說：「我正在閱讀一本健康雜誌，內容很精彩，剛好看到一篇系統化的分析，使用計步器可以增加體能活動並促進健康……這讓我靈機一動，想到可以介入的方法，其中一個構想就是結合工作與走路。我馬上就被吸引了。這是我經驗過最有感染力的發明。這個想法非常受歡迎，一直到現在，我帶過的每個人都想要再採用走路會議。大家一邊散步一邊開會，比起花半小時坐在房間內與其他人大眼瞪小眼，人們會偏好哪一個呢？

「我覺得頭腦更清楚、更有刺激性，這些都來自身體活動。走路的時候不能看郵件，也不能發呆，再來這是有科學證據的！

「還有我發現，如果一整天都是走路會議，運動量等於去健身房兩次或三次。我突然變得很想開會，甚至還會特地找理由與人開會，就算只是為了達成運動目標也好。現在我在華盛頓特區都走路上下班，每趟路大約是三到四公里（每天走不同路線），而且每天走的路線我都會發推特喔！」

如何在你的職場帶動走路會議潮流？泰德建議：「不要預設。先詢問同事，利用他們的好奇心，當作是一個學習機會。若在房間裡坐著開會，你對另一個人不會有所好奇，因為坐著開會本來就是常理，是我們最習慣的互動方式。至於走路，你要與某人去某個地方，你就需要多了解他們一點，例如說，走得動嗎？願意走嗎？喜歡什麼樣的走路型態？大自然還是都市？如果他們去過某個地方，這個回憶會讓他想到什麼？他們看到街上事物的反應又會是什麼？

「我曾經說過一個故事，我邀請一個執行長和我一起開走路會議，我到了她的辦公室，她說：『為了與你走路，我今天帶跑步鞋來上班。』這對我來說是最善意地展現出尊重及支持，我永遠不會忘記這一點（接下來半小時我都試圖跟上她的腳步，這一點我也不會忘記）。所以，我猜這種做法好處多多，我建立了彼此的關係、創造了特殊時刻，是意想不到而且很美妙的。」

14 Eytan, Ted, " The Art of the Walking Meeting," TedEytan.com, January 10, 2008. https://www.tedeytan.com/2008 /01/10/148

我們之所以工作

我想，大部分人會把自己歸類為不同類別的工作者。比如我認為自己是工作優先的投入者，也是另起爐灶的革新者，畢竟我離開臉書創辦自己的事業；也可以說我運用了刪去法，因為我為了追求百老匯之夢而暫停事業。撇開建立「不平衡的人生」不說，「選三哲學」的目的是回顧過去，看看哪些障礙讓我們更強壯，如何奪得先機。不管路上遇到什麼障礙，我們都會絞盡腦汁希望獲得成功。

不管你是投入工作者、篩選者、革新者、超級英雄，還是獲利者，甚至是好幾項的綜合，人生中一定會有一些時候是非常側重在工作。相反地，也會有一些時候，家庭責任或個人因素讓你不再選擇工作，而把眼光放在不同的軌道上。

前面幾篇提到的芮希瑪．索雅妮及梅琳達．亞隆恩斯，兩人都參選過，但結果不如預期。梅琳達在年復一年全心投入事業、不斷選擇工作之後，她決定休息一年，把重心放在自己身上。芮希瑪把她的精力導向創建一個非營利組織，用這個不同的方式來實現她的政見。我媽媽本來從事相當耗費心神的醫療事業，後來退出職場照顧家庭；而珍妮佛．傑夫斯基則是從熱力滿點的運動事業，轉移陣地成為全職照顧者，並發展她自己的新創事業。布萊德．武井換跑道協助他的丈夫喬治；莉雅．巴斯克則是打造了一門生意，讓其他人更能夠選擇工作。

我自己的人生也有過一段時間全心專注在事業上，後來改變計畫去為「家族企業」工作，然後又離開並專注在我的個人夢想上，最後甚至投入更深，開了自己的公司。每一個決定都帶來讓人無可置信的效益，但挑戰也是同樣困難。

我曾經待過的公司，我都非常自豪能夠在其中工作，尤其是我得到機會向那些公司的領導人學習，包括那個穿連帽運動衫的傢伙[15]。我一輩子都很努力工作，但願這一點永遠不會改變。確實有改變的是我工作的方式、工作的重心、以及我願意為誰工作，這是最重要的。走到某個程度，我已經厭倦為別人創造價值了。

我創辦祖克柏媒體時，剛開始是市場行銷及製作公司。經過許多嘗試錯誤之後我才明白，比起服務顧客，創造我自己的智慧財產更是引燃我內心的火花。我把創作智慧財當作副業，包括第一本書《玩弄臉書》，現在也成為廣播節目；還有我的童書《小不點》（*Dot.*），現在是播映全球的得獎電視節目。或是「蘇的科技廚房」（*Sue's Tech Kitchen*），我的科技主題家庭晚餐經驗。現在祖克柏媒體主要重心幾乎都放在創作、發展、授權我們自己的智慧財產。看著完全由你一手創作的事物變成有自己的生命力，那種驚人的感覺實在是筆墨難以形容。

15 在此意指作者其弟，馬克・祖克柏。

現在，當我選擇工作作為我的三項目標之一，有一個小小的底線是，我做的工作必須為我創造價值。工作為你做了些什麼？把你的答案寫下來，做個記錄。你有多常選擇為自己工作？問問自己為什麼選擇工作，是因為你喜歡，還是你必須要，或因為有截止時間？是哪一項在促動你的事業？只有你自己有權力去定義工作對你的意義是什麼，一旦了解自己如何做出選擇、何時做出選擇、以及為什麼會做這個選擇，就更能想出是否應該改變，以及需要多快做出改變。

我們各自走在不同的道路上，有不同目標，對於工作在人生中的角色也有不同見解。記得，任何側重的決定都有得失，只要能平衡這些得失，就萬事ＯＫ了。一如工作專家瑪麗喬・費茲傑羅所說：「宏觀來看，我相信工作與生活的平衡是做得到的，因為生活與工作各方面的需求來去變化。你不會每天都覺得平衡得很完美，但是目標要放在每星期或每個月做到大致的平衡。如果你需要專注在工作，那就讓自己有餘裕這樣做；需要專注在人生其他方面時，也是一樣。」這就是「選三哲學」的精髓。

如果人生需要你投入工作，那是很棒的事。沒有選擇到的事，不要再覺得內疚，要允許自己好好發展事業；如果你目前不選擇工作，你還是很棒！不管你選擇側重哪件事，只要全心投入，把它做好就對了。

一股腦地說完這麼多有關工作的事，我都累了。所以我猜接下來就該談談睡眠囉！

2 睡眠

已開發國家中，每一樣致命疾病都與睡眠不足有關。這就是為何睡眠不足是我們面臨到最大的一種健康挑戰。

——馬修．沃克（Mattew Walker）睡眠科學專家

有什麼比紅眼班機更糟的事嗎？好啦，我也知道還有很多更糟的事。我講得有點誇張，但是如果你曾經步下紅眼班機，然後必須馬上恢復正常人執行功能，你就懂我的意思了。我的職業生涯中有過太多次經驗，下了飛機馬上就要奮力集中注意力和提高警覺，猛灌咖啡，開會失神，並自問到底是否值得這樣。我想我們每個人的紅眼班機配額是固定的，而我已經快要接近那個數字了。

我的出差頻率非常驚人，連續四天奔波到四個不同的城市演講算是家常便飯。可能在一個月之內會飛到科威特、田納西、維也納、墨西哥城、德州，以及這些地點之間的任何一

處。我曾經花超過二十小時飛到澳洲，待不到十二小時就走了，而且有好幾次都是這樣。通常我一週至少有一個晚上睡在飛機上，而不是床上。現在寫這段文字時，我人在首爾的酒吧。為什麼行程會這麼緊湊？真希望我能解釋清楚。可以這樣說吧，因為我熱愛我做的事，加上我的基因就這樣，再加上對快速步調的生活已經上了癮，情況嚴重到，每當我回到家過個幾週，就會開始心神不定。

不用說，這一切行程、時區、紅眼班機等等，真的、真的、真的嚴重干擾我的睡眠，不斷重複的睡眠不足也造成損害。睡眠不足會干擾我的運動計畫（好比說我很累的時候就不會選擇去健身房，而且選擇食物時都會做出可怕的決定）。睡眠不足影響我的記憶力及思考力，回到家之後還必須花很多時間補眠，這會占用到我想和家人相處的時間。

最近，我有意識地做了一個決定，出差時要對自己好一點。例如，我現在人在韓國，星期三要演講，從前的蘭蒂會在星期二晚上飛，星期三白天演講，當天晚上飛回家。但是現在的蘭蒂會在星期一晚上抵達，一直待到星期四傍晚。多出兩個整天聽起來好像沒什麼大不了，但是對我來說差別很大。這樣的行程讓我可以好好睡覺、照顧自己、維持神智清醒，甚至還能有一點觀光時間。其實我昨晚就睡了九小時，不知道已經多久沒這樣了，大概是……好幾年了吧？我必須說，我整個人感覺煥然一新。

神經科學家馬修．沃克（Mattew Walker）是加州柏克萊大學人類睡眠科學中心的主任，最近出版了第一本書《為什麼我們需要睡眠：釋放睡眠及夢的力量》（*Why We Sleep: Unlocking the Power of Sleep and Dreams*），書中詳細解釋了充足睡眠的重要性。馬修說，做一個睡眠研究者這件事可以說是偶然，但你諄諄教誨的事，自己也必須實踐才行。因此，他規定自己每天晚上一定要睡足八小時。最近我邀請馬修上我的廣播節目，真是震撼了我這種紅眼班機的生活模式，尤其他說明了缺乏充足睡眠和心臟病之間的關聯。馬修自己有心臟病家族史，所以他深知讓身體休息的重要性。

實際上，睡眠不足已經是全球流行病了，一般的美國成年人平均一天只睡六個半小時，我自己這一週就有好幾次睡不到六個半小時，這正是馬修想要警告大眾的。他形容，八個小時的睡眠週期，是花了幾百萬年才形成的，但是我們卻在短暫的百年間，就把這個數字減少了將近兩小時，聽起來不太妙。

我對馬修悲嘆，如果可以一整週都在睡覺，然後連續好幾個晚上熬夜，那不是很好嗎？他提醒我，睡眠不是這樣運作的。「睡眠負債是沒辦法補回來的，肥胖細胞是我們的信用系統，人類是唯一沒有任何明顯原因就剝奪自己睡眠的物種。」

又有一次，我先生和我累倒在床上，「終於……到了睡覺時間啦！」，但幾小時之後我們就被二氧化碳濃度偵測器的警報聲嚇得跳起來。你知道我在說什麼吧？隨處安裝的警報器發出尖銳刺耳的聲音，就只是因為電池快沒電了，而我們家裝設的地方還要爬三層樓梯上去，唉。

那個該死的警報器完全毀掉我隔天的生產力。說真的，如果每天只睡四小時本人還可以順暢運作的話，不知道我的人生會是什麼樣子。我會多有生產力啊！我可以多做多少事！我還會多出許多額外時間！但是，我又想起馬修說的，我會比每天睡七小時以上的人更容易感冒四．二倍[16]。好吧，馬修，我懂了。睡眠是健康的關鍵，有些人不辭勞苦就是要推廣充足睡眠的好處。

睡眠優先的投入者

這類型的人持續且經常把睡眠放在他的三項目標之首。

深度睡眠對大腦的作用就像某種淋巴系統。大腦在這段時間會降低活動量，有一股特別的液體會流過去清理每天累積的廢物、毒素以及壓力。所以，無法順著自然循環節奏睡眠的輪班工作者，較高比例有肥胖問題、糖尿病、心臟病、癌症，以及其他免疫問題。

——潔妮．朱恩（**Jenni June**）

睡眠問題諮商師

在我所認識的人當中，可堪稱睡眠優先的投入者，第一名就是我的三歲兒子，他每天睡十二到十四小時，難怪總是能夠笑嘻嘻的。不過除了他之外，還有一位比別人更身體力行，並且鼓勵大眾在「選三」中要更常選擇睡眠的人，這位就是潔妮・朱恩（Jenni June），她是兒童及家庭睡眠問題的合格諮商師。

睡眠諮商師？這種人負責做什麼呢？不瞞你說，聽到這職銜時我還真是驚訝了一下。

潔妮和睡眠專家馬修・沃克的經歷很類似，她是在協助其他家長十五年的過程中，踏入睡眠研究領域，後來她在兒童睡眠訓練及睡眠衛生這個項目中獲得特殊資格證書。潔妮現在透過她自己的診所及洛杉磯的呼吸研究所幫助了幾千個家庭。但是，直到潔妮自己親手養育四個六歲以下的小孩時（幾乎沒有配偶、家庭或保姆的幫忙），她才真正投入睡眠的科學層面。

潔妮知道，和沒辦法睡飽的人談睡眠，是個困難又需要處理情緒的工作。睡不夠又焦慮的新手父母被迫進入睡眠的惡性循環，每個人的想法和應對方式都不一樣。潔妮要贏得患者的信任，並且教育他們有關睡眠的科學知識，這才看到這些患者的睡眠模式開始有大幅度

---

16 Potter, Lisa Marie and Nicholas Weiler, "Short Sleepers Are Four Times More Likely to Catch a Cold," University of California San Francisco, August 31, 2015.

的改變。對潔妮來說，這個工作非常有啟發性。簡言之，睡眠讓她興奮。

這一點我也完全有同感。但是，要是你就是睡不到美國睡眠醫學學會所建議的每晚七小時，那怎麼辦[17]？潔妮說，睡眠的時機其實比睡幾小時更重要。如果你能調整睡眠時機，自然就能睡得飽。

「為了向我的客戶解釋這一點，我要他們想想時差或輪班工作者會出現的症狀。如果你有認識誰是上晚班的，晚上應該是睡覺的時間，但他們只能在天亮回到家時用白天來睡八個鐘頭，醒過來還是會覺得很疲勞、很虛弱，沒有煥然一新的感覺。這是因為沒有讓大腦照著它自然的生理韻律，大腦沒有經驗到睡眠週期的深度部分。這樣不管睡幾小時，醒來也不會恢復精神。」

潔妮也像馬修．沃克一樣，說到做到、身體力行。身為睡眠諮商師，潔妮確保自己有睡夠的方法是避免一些雜務，例如紅眼班機，或是要工作的前一晚不和親朋好友外出到超過十點，還有，睡前三小時之內不要做運動。把睡眠放在第一位，並不會減損工作和人際關係，只會更促進這兩方面的品質，因此工作與人際關係的產量也會提升。她相信，我們真正在找的並不是時間，而是精力，也就是把人推向前的超級力量。潔妮說，有好的睡眠品質，才能幫助我們釋放精力，以及利用這份精力來加強我們的人際關係、生產力及創造力。這也是為什麼，許多頂尖的企業人士都相當看重睡眠的品質。

基本上，我們所見過或聽過的蠟燭兩頭燒、沒日沒夜工作都違背了常理，就與潔妮在她的診所看到的，以及馬修在研究發表與書中提到的那樣。但若你真的希望生意取得長期成功，反而更要按照生理時鐘走，你必須在三個項目之中選擇睡眠。

如果你總是到了半夜兩點鐘還讓人家找得到、會回郵件，有可能會被老闆拍拍背讚賞一下，但持續睡眠不足並不會得到長期好處。睡得夠，表示你在人際關係、健康及心情方面都能呈現最好的自己。還是熬夜了嗎？不要怕，「選三哲學」每天都可以重新開始。偶爾幾晚沒睡飽，這種情形大家都會有。只要能維持長期的平衡，那就沒關係。

不過，馬修說我們並不知道什麼時候會演變成長期睡眠不足，一晚少睡就可能就會導致犯錯、心情不佳，以及胃部絞痛；而且要是持續睡眠不足，只會增加風險。

因此，我也想坐下來聽聽專精器官移植的小兒外科醫師亞當・葛瑞斯曼怎麼說，瞭解他為什麼會投入這個明知一定睡很少的職業，為了拯救無數生命而犧牲自己的健康。

---

17 Nathaniel F. Watson, MD, et al., "Recommended Amount of Sleep for a Healthy Adult: A Joint Consensus Statement of the American Academy of Sleep Medicine and Sleep Research Society," Journal of Clinical Sleep Medicine, November 6, 2015. https://aasm.org/resources/pdf

要拼也要睡才會贏

睡眠是生命的萬靈丹，是最有效的清新劑。睡眠對我們的健康、快樂及幸福至關重要，即使我們老是覺得睡不夠。你可以試用看看這些實用技巧，就從今晚開始好好睡覺。

・遵守規律

我們常常會想在上班日節約睡覺時間，等到放假時再大睡特睡。不過許多專家都同意，最好是訓練自己大致固定每天上床和醒來的時間。我們很熟悉早上用鬧鐘叫起床，為什麼不試試看晚上該睡覺時也設個鬧鐘呢？

・建立睡前例行儀式

無論是洗熱水澡、做瑜珈、改變燈光或聽某種類型的音樂都可以，只要你固定在睡前做一些動作，就是在告訴你的身體：「現在該睡覺了。」

・把螢幕關起來

電子裝置會讓我們一直醒著。你可以試試看在睡前的三十到六十分鐘把螢幕關掉。阿瑞安娜・赫芬頓建議：「把你的電子裝置設定休眠。」改為閱讀一本書或雜誌。如果你必須讓電子裝置開著，那就去下載一個應用程式降低藍光，變成比較適合晚上的光線。如果有另一個人睡在你旁邊，可以考慮把注意力放在枕邊人身上，不管那對你來說代表什麼……

・避免吃大餐或在晚上運動

運動對睡眠有幫助，只是要在一天之中的正確時間做。運動就和大餐一樣會促進新陳代謝，讓你保持清醒，最好是睡前二到三小時之內不要做。

・房間其實不用太暖

許多睡眠專家說，要好好睡一晚的理想溫度可能比你想像的低很多（專家甚至建議是在攝氏十五度到二十度之間）。如果房間太過溫暖，可能會影響你的睡眠品質。

・明天的待辦清單，今晚先寫好

如果壓力和焦慮讓你一直在晚上醒著，你可以在上床後花幾分鐘寫下隔天需要做的事。如此一來，當你的腦袋放在枕頭上時就能休息了。

放下睡眠的篩選者

這樣的人沒有固定選擇睡眠為三項目標，無論是因為職業、人生狀況或是醫療因素。

我進手術室之前，病人家屬一定都會問我昨晚睡得好不好，他們希望我能充分休息。不過等手術做完，他們就不那樣問了，他們會希望我可以隨侍在側。但是，我最多只能醒著整整四十小時，超過四十小時還要我醒著，我覺得那已經是不道德了。

——亞當．葛瑞斯曼醫師（Dr. Adam Griesemer）
器官移植小兒外科醫師

我在矽谷待了十年，那裡的每個人都在科技業工作，所有對話都與科技有關，就連酷樂汽水也會讓你相信唯一能夠拯救人性的，沒錯，當然是科技！在這種情況下，我非常驚喜能夠在朋友的生日派對上認識亞當．葛瑞斯曼醫師。

當時我坐在亞當對面，忐忑地問他是做哪一行的。我正擔心他會說「科技業」，結果他說自己是小兒外科醫師，專門做器官移植，經常要半夜起床搭飛機去取回捐贈器官，然後盡快進行漫長而複雜的手術。聽到這裡，我下巴都快掉在地上了。我覺得我在科技業工作已經很累，何況新創企業每天都要應付挑戰，沒想到葛瑞斯曼醫生更是幾乎沒有睡眠，三十到四十小時沒有闔眼是家常便飯，就為了確保安全摘取器官、運送，以及手術順利。

葛瑞斯曼醫師是典型放下睡眠的篩選者。他選擇這份職業，就不能像別人一樣可以選擇睡眠、會選擇睡眠或應該選擇睡眠。什麼樣的人能夠如此工作？葛瑞斯曼醫師說，雖然大部分的人受過訓之後就可以勝任他的工作，但是這個人必須要能犧牲，再也不能在晚上社交場合喝酒，一杯不行，三杯更不可能。因為器官移植外科醫生必須隨時待命，社交生活基本上是完全斷絕。而且睡眠專家馬修．沃克也警告我們：酒精會讓睡眠不連續。所以如果你真的喝了酒，就會比較容易失眠，會覺得沒有睡飽。誰會要一個睡眠惺忪的外科醫生？

器官移植外科醫生的生活型態緊繃，對其伴侶、家庭來說也影響很大。醫師被召回時，無論手邊有什麼事都要放下，不管人在哪裡、不管在做什麼。你可能正在結婚週年紀念日的晚餐或是朋友的婚禮，一接到與器官有關的電話，十次中有十次你會離開伴侶去工作，配偶時常會覺得被邊緣化。葛瑞斯曼醫師告訴我，這行業的離婚率相當高，因為許多配偶再也受不了，覺得自己永遠是第二順位。

葛瑞斯曼醫師則是其中幸運的一位，因為他的太太也在醫界工作，對他們所選擇的這種生活型態非常熟悉而自在。但是，這並不表示他們沒有犧牲。亞當對我說，夫妻倆都想要小孩，但是一想到兩人已經被剝奪睡眠，又常常必須把家庭放在第二位，所以還是選擇暫時不生。「我不知道我是比較害怕哪一項，」他坦白對我說，「是怕不生小孩呢，還是生了但是沒時間陪孩子。」

睡眠、小孩、器官移植外科醫生，這種組合完全不可能達到工作及生活的平衡，只有取捨。關鍵是，不能太過偏重任何一個。目前葛瑞斯曼醫師覺得他是平衡的狀態，他從事業中獲得許多意義及價值，讓他能夠撐過艱困疲累的時刻。雖然還沒有自己的小孩，但是他救了幾千個小孩的生命。不過他同時也承認，他太太對他的取捨可能會有不同的意見。葛瑞斯曼醫師認為目前這個步調可以再延續一陣子，但他也不喜歡總是為了事業而犧牲家庭。

所以，即使你很想很想在三項目標中選睡眠，但如果你的工作就是不能讓你選擇睡眠，你可以採取什麼樣的方法讓自己「不要進入睡眠狀態」？就像葛瑞斯曼醫生，許多放下睡眠的人，必須不斷地安排身體活動。他們也許只在辦公室擺張沙發用來打個盹，更多時候，他們學著愛上黑咖啡的滋味，甚至一天要喝上六杯才能達到咖啡因的效用。不過，馬修・沃克建議要小心這一點。「講到睡眠，咖啡因和酒精是兩種最常被誤解的成癮物質，」馬修說，「咖啡因會把大腦裡的睡意接收器擋住，讓我們一直清醒著。即便睡著，咖啡因還是在大腦裡流竄，我們醒來時會覺得精神不濟，要喝兩大杯咖啡才能專注。」

我有同感，我就是這樣。

沒辦法選擇睡眠的人還有另一項共同點，他們其實也不想讓睡眠不足的生活型態一直持續下去。葛瑞斯曼醫師熱愛這份職業，可預見的未來也會把它當作人生的很大一部分，但是他也承認，他想逐漸把腳步放慢，感受一下在平日下午能夠放鬆的那種簡單樂趣，這種享受自從他進了醫學院之後，就從來沒有過了。

葛瑞斯曼醫師熱愛這項充滿挑戰的事業；他也知道自己必須在「犧牲睡眠」與「大量工作」之間取得平衡。因此，他會做瑜伽來改善因長久站立而引起的下背疼痛問題；偶爾也會去度個假，到達沒有手機訊號的地方，這樣就不會一直懸念著要回去幫忙。如果有時間，他會從事一些嗜好，例如釣魚。這讓他感到放鬆，心裡不再記掛著病患。另外，搭飛機的時光也很寶貴，對於葛瑞斯曼醫師而言，他不會在這時查看手機，而是盡可能利用時間睡覺。

如果放下睡眠，還能選什麼呢？也許你會因為太疲累而表現比較差一點，那麼這樣犧牲睡眠值得嗎？如果你發現自己經常處在「放下睡眠」的處境裡，那麼就該好好反省一下了。你的事業真的是像葛瑞斯曼醫師這樣生死交關，必須醒著才能拯救生命，或是被焦慮、不良的工作文化、難纏的老闆逼迫，所以才沒辦法睡覺？如果這種狀況不是暫時的，而且可預見的未來你都會是放下睡眠的人，那麼，葛瑞斯曼醫師雖然有幾個辦法可以應付，但是他也承認：「我以為會愈來愈容易，猜想以後會有比較多機會睡覺，或是只要習慣少睡之後就會表現好一點。情況不是這樣的，我也做不到那樣。」

每個專業工作者都有致命弱點，我的弱點就是我的聲音。我只要一過勞就會失聲、完全沙啞。這會怎麼樣呢？這樣說吧，如果你是一場會議裡的主要演講人，又是個廣播節目主持人，這樣就有點不方便。我高中時第一次以主角身份表演，就正好得了喉炎，而我結婚的時候也沒能避免。基本上，每次只要我沒有好好照顧自己，一定就會有一週以上發不出聲音。二〇一七年有一週，我連續四天在四個城市做了四場演講，到最後一個城市時，我已經因為紅眼班機、時差、機場奔波而累癱了，我完全失聲，連小小聲講話都很勉強。幸好，聽眾很和善又能諒解。那是在費城對幾百位猶太女性演講（如果你身體微恙，沒有比環繞在三百個猶太媽媽之中更好的地方了），我盡力小聲地講了一小時，期間她們一直為我端茶送水，其中有個女性是個耳鼻喉科醫師，事後教訓我不可以這樣用沙啞聲音講一小時！但是她說她很高興我能來，而不是取消演講。不幸的是，我得要捨棄我最愛的部分：我超愛在演講後唱一首歌，但那次實在沒辦法。

那一週之後，我的聲音比平常花更時間久才恢復，這一次絕對打醒了我，讓我正視自己的健康並好好休息。如果我希望身體可以為我工作，那就要更加珍惜與愛護我的身體。我們都曾有過一段時間過量地犧牲睡眠，直到這行徑演變成一記大警鐘，只要問問開始重視休息的革新者，阿瑞安娜．赫芬頓就知道了。

疲勞時快速恢復的訣竅

如果你必須將自己從疲勞中喚醒，可以參考下列幾點：

・三分鐘冷水澡

很恐怖、很難受。但是冷水澡會讓你精神一振，即使你完全沒有睡覺，沖完冷水澡也會覺得自己狀態超好。

・到戶外走走

沒有什麼比太陽光更能喚醒你了。就算只要五分鐘也能讓你感到振奮。

・多吃蛋白質

如果沒有睡好，你的身體會尖叫：「給我甜甜圈！」但是要克制這個衝動，給你的身體吃健康食物，不然會更加疲累。

・花點時間靜坐或深呼吸

可以代替午睡補眠。

開始重視休息的革新者

這樣的人在遭到嚴重障礙之後，開始更常把睡眠放在第一順位。

在警鐘敲響之前，我沒有設定自己的睡眠量，問題就出在這裡。在我的優先次序中，睡眠總是排在最後，要不然就是在非常後面的位置。睡得夠，在面對人生的挑戰時，才更能集中心神。睡得夠也讓我更有生產力，更專注在當下。

——阿瑞安娜・赫芬頓（Arianna Huffington）

《赫芬頓郵報》及茁壯國際公司（Thrive Global）創辦人

阿瑞安娜・赫芬頓是非常傑出的企業大人物，一見到她就會很想繼續跟進她的腳步。她持續不斷在超越自己，總是比別人先看到下一個大趨勢。她從政治人物轉型到媒體人，再成為公司總裁，現在則是睡眠倡導者。在經營一家全球企業的同時，阿瑞安娜在女性、移民、自我照顧這些議題上發聲，她本人就是真正的模範。

二〇〇七年四月六日，阿瑞安娜因為睡眠不足及過度疲勞而昏倒，跌斷顴骨，在一片血泊中醒來。這次事件是她的警鐘。她去做了全身檢查，找出問題在哪裡，最後診斷是「耗盡精力及睡眠不足的急性病例」，她稱之為「文明病」。

「睡太少」這個問題我們大家都有，所以阿瑞安娜在離開《赫芬頓郵報》之後才會想要成立茁壯國際公司（Thrive Global）。茁壯國際是個媒體公司，用科學和說故事的方式來協助人們活出更健康的生活。有過超乎負荷的經驗，促使阿瑞安娜站出來大力疾呼，在企業社群中成為自我照護及睡眠專家。

茁壯國際的使命之一是創造能夠打破迷思的模範人物，證明成功的代價不是睡眠不足。阿瑞安娜說，亞馬遜的創辦人及總裁傑夫．貝佐斯（Jeff Bezos）不只能夠睡到醫生建議的八小時，而且他是因為覺得自己對股東有責任，所以才這樣做。Google的前任總裁艾瑞克．舒密特（Eric Schmidt）則為茁壯國際寫了一篇文章，內容是睡眠能夠強化你做任何事情的能力。

對阿瑞安娜來說，打破我們的過勞文化是首要之務，因為過勞的經濟代價太大了。二〇一六年蘭德公司（Rand Corporation）發表一項研究，由於睡眠不足，光是這五個國家：美國、日本、德國、英國、加拿大，一年就有六千八百億美元損失[18]；對健康、人際關係、生產力及滿足感的代價，就更不用說了。

睡眠專家馬修．沃克也贊同這點。他認為上學時間應該晚一點，這樣才能讓發育中的身體及大腦有足夠的時間充分休息。馬修說：「與生物學對抗，贏的通常是生物學。」小孩的身體喜歡在早晨時段睡覺。在某些國家，上學時間往後推得晚一點，學業上的表現比較進步[19]。阿瑞安娜．赫芬頓協助學生的方式，就是帶領一場運動，倡導更好的睡眠。

二〇一六年，阿瑞安娜及《赫芬頓郵報》發起「睡眠革命」活動，在全美四百多個校園巡迴，和許多寢具品牌合作，以強調睡眠的重要性。特別是針對學生——他們培養出良好的睡眠習慣，就能促進生活品質。

對阿瑞安娜來說，睡眠革命的校園巡迴相當有啟發性。她結合有同樣想法的學生和組織，學生發想出很多有創意的方式來表達壓力、過勞、睡眠不足等議題，主要目標是讓大眾警覺到睡眠問題。阿瑞安娜說，反應非常熱烈。「學生處在非常重的壓力下，包括課業負擔，以及因科技而來的要求與注意力；但是他們也相當能警覺到生活福祉的重要性，並且有決心改變我們的生活及工作方式。」那麼，睡眠革命對阿瑞安娜個人的影響呢？

阿瑞安娜說，她達到自己的終極目標：更好的生活！對她來說，達到某項成就並不是重點，重要的是她全心投入自己的生活，而不是行屍走肉地過日子，就像她昏倒以前那樣。現在她還是有必須完成的工作，但是，得到充分休息之後，比較容易獲得喜悅和滿足感。

許多人為了拚事業而減少睡眠，但他們醒著並不是像葛瑞斯曼醫師那樣在拯救生命。那我們為什麼要這樣做？阿瑞安娜認為，這是因為我們太執著於忙碌，而且科技讓我們更忙。生活的步調因忙碌而加快，我們的能力追不上這種匆忙的步調。阿瑞安娜說，如果我們沒有把睡眠和福祉放在第一位，每天的表現會很吃力，明白到這一點會有幫助。她過去許多年都是往反方向走，現在則是該睡則睡。她以睡眠研究來勸別人，除非你有基因突變，睡很少就可以運作（全部人口中只有百分之一是這樣[20]），不然你每晚就是需要睡七到九小時，而且她非常樂意以自己人生大轉變的故事來傳遞這個訊息。

作為開始重視休息的革新者，會知道透過睡眠獲得精力很重要，對周遭的人也很重要。也許你也和阿瑞安娜一樣經歷過敲響你的警鐘，讓你以全新方式去看待工作與生活間的平

18 Marco Hafner, et al., "Why sleep matters—the economic costs of insu cient sleep," RAND Europe, November 2016. https://thesleepschool.org/RAND%20Sleep%20 report.pdf

19 "The Impact of School Start Times on Adolescent Health and Academic Performance, schoolstarttime.org, February 1, 2018.

20 Harmon, Katherine, "Rare Genetic Mutation Lets Some People Function with Less Sleep," Scienti c American, August 13, 2009. https://www.scienti camerican.com /article/genetic-mutation-sleep-less/

衡以及個人健康。花一些時間調整重心及優先順序，明白這是在好好照顧自己，對周遭的人也是再好不過。

阿瑞安娜有幾項訣竅，其中最重要的一點是，如果要選擇睡多一點來重新塑造自己，那就要想想是不是手機讓你一直醒著。阿瑞安娜對我說，她最喜歡的睡眠輔助就是晚上房間裡不可以有手機。所有讓我們不能安睡的事情都儲存在手機裡，包括待辦清單、收件匣、讓我們焦慮的事項等等。她建議，睡覺前把你的手機也送上床，放在你的臥室外面，「把這項作法變成固定睡前儀式，讓自己早晨醒來時充滿元氣，就像你的手機充飽電一樣。」

睡眠不是什麼奢侈的事，睡眠是必要之事，如果你也體認到這一點，別讓任何人造成你的內疚或壓力。我們很容易陷入忙碌文化的陷阱，不過，改變壞習慣、重新塑造自己，永遠不嫌遲。

午睡室

擅長趨勢思考的 HubSpot 總裁布萊恩．哈利根（Brian Halligan），主業是軟體產品的線上行銷及業務，是領先業界的開發者及行銷專家。布萊恩知道睡個午覺能幫助自己的工作成長，所以他在公司內設置了一個午睡室，讓執行長們小睡一下，給新手父母及疲累員工幾分鐘時間休息，修復疲勞的雙眼及心靈。

「我一直都很喜歡午睡，」他告訴我，「我自己覺得白天睡個幾分鐘可以幫助我看事情更清晰，更能看到在工作上需要著力的地方。我有一些很棒的構想都是在午睡時想出來的。還有，我們午睡是沒有時間限制的喔。HubSpot 公司其他事情也是一樣，我們公司的政策就是『自己好好判斷』，沒有人會濫用這個原則。」

我很欣賞布萊恩這種領導人類型。他說「我鼓勵公司裡的人午睡（我自己也會午睡）。我們推行午睡是從二〇一三年九月，在劍橋總部設置午睡室開始，取名叫做「瞇個眼」（Van Winkle），一直都經常使用。我個人喜歡倒在懶骨頭上睡午覺，我桌邊就放了幾個在我需要睡個二十、三十分鐘時就很方便。」

我問布萊恩愛上午睡哪一點，他說：「簡單來說，午睡讓我思路更清晰。身為公司創辦人的自由時間很少，有些創辦人根本沒有休息空檔。午睡可以讓我們在繁忙匆促的日子中保持冷靜、健康及快樂。午睡能促進你的感知能力及警覺性，甚至是個有競爭力的優勢。而且，午睡會讓你覺得很棒！」

現實情況中，有些人睡眠不足仍能強撐，處理困難的任務，完成交辦工作，當機立斷。但是，我不行。我一定要至少睡足七小時才能正常發揮。但是生了小孩，一夜要醒來餵奶好幾次，要獲得精力就有更多挑戰。我算是非常幸運，有資源可以運用，生下兩個兒子最初幾週是僱請夜間保姆來幫忙。保姆晚上九點抵達，我在八點五十八分就已經站在門口殷切盼望她來。我知道錢不能買到快樂，但是說到新生兒，錢確實能買到額外幾小時的睡眠時間。

生下二寶時，要睡飽就更難了，因為大兒子上幼兒園，這表示不知從哪來的幼兒病菌就會帶回家裡。我先生是獨子，他的免疫系統沒有我那麼好，有兄弟姊妹這時算是好事一件，畢竟我有三個弟妹，每週都會把不同的病毒帶回家。總之，我先生因為兒子從幼兒園帶回來的病毒而病倒，而我要帶一個嬰兒、一個幼兒，先生又接連不斷感冒和腸胃中鏢。每次有家人生病，我和新生兒就必須與他們隔離，六週之內他們幾乎生了四場病，我實在受夠了。有一度因為睡眠不足極度挫折，我竟然說我的好老公是「沒用的死東西」（一想到這幾個字曾經從我嘴裡吐出來，到現在還是會心驚一下）。

嬰兒出生之後第一個月，一堆朋友想來探望，他們來陪你，帶來一堆禮物，給你一堆關注。你靠著腎上腺素過日子。你很想花時間和剛出生的寶寶在一起。睡眠？那是什麼？但是，六週以後，腎上腺素開始消退了。華麗的號角一結束，你坐在一疊欠了六週的睡眠帳上。孩子來到世上第一個見面禮，就是和嚴重睡眠不足的父母親相處。這是好事對吧？

拔掉線路

專家建議，臥室應該是「僅限睡覺和做愛」的地方。雖然這不完全符合現代世界（我們之中大約百分之九十的人會把手機放在頭旁邊睡覺），但是，如果要以此為目標，可以試試這些做法：

- **設定一個固定時間拔掉線路**

剛開始時可以設一段「關掉裝置」的空窗期（例如晚餐關機一小時），然後漸漸延長時間。你的挑戰是，看能不能一整個晚上、甚至是一整個週末都關機！

- **想想好玩的事，例如計劃假期**

研究顯示，只要想到度假就會讓你開心！冥想一段夏威夷之旅，我們來囉！

- **做一件老派的事**

玩桌遊、拼圖、做出一件藝術品、煮東西。做這些事可以讓你想起有創造力、運用頭腦、有真正眼神接觸的社交互動，是很有趣的。

- **設定電話監獄**

你沒看錯。如果你真的無法控制自己，還有一些方法可以把手機鎖在「監獄」

中一大段時間。在某些時段關掉無線網路，或者是在你選擇的時間內，解除使用某些應用程式及網站。

・閱讀我的書

在過度運轉的生活中，如果有人寫一本書，主題是科技與生活的平衡……其實我就寫過啊！說實在的，如果你也面臨超載的人生，你會想讀這本書的。

不是為自己而睡的超級英雄

這樣的人為了支持所愛的人，變得不把睡眠當一回事。

再也沒有睡覺這回事了。

——帕提娜・米勒（Patina Miller）

演員、東尼獎得主

我們做父母的經歷過第一胎之後，很多人仍決定要有第二個孩子，這真是太神祕了。更令人訝異的是，我們的父母目睹我們睡眠不足、歇斯底里的模樣，竟然還支持我們的決定，很多長輩還加以鼓勵呢！這簡直就是集體失憶，忘記了只睡兩個小時的我們可以變得多麼混蛋。我自己的兒子已經大到我都忘記當時有多睡眠不足，所以，為了寫這本書，我決定去訪問一個還能回想起睡不飽是什麼感覺的新手媽媽。非常榮幸能與其中一個最出色的新手辣媽見面聊聊，讓我回味那段過去。

帕提娜．米勒（Patina Miller）是得過東尼獎的演員，主演過美國影集《國務卿女士》（*Madam Secretary*）。帕提娜在二〇一七年生下第一個兒子，就在我為這本書訪問她之前幾個月而已。

「每個人都對我說過會睡眠不足，當時我只心想：『我是個夜貓子啊，沒問題的。』噢，大錯特錯！情況就和他們警告我的一樣，而且還更糟！就算我女兒上床睡覺了，我還是得照看著她，確認她有在呼吸！」

帕提娜告訴我，「睡眠」這兩個字，她只知道字面意義，而不是它的行動。剛開始時，帕提娜不只有媽媽來幫忙，而且還請了一個保姆，即便這樣也僅能幫她擠出幾小時睡覺時間。現在帕提娜愛上卡布奇諾了。「我很期待她長到十八歲，這樣我終於可以安穩地睡個覺。」

要是帕提娜得去工作，那就更別提睡眠了。「拍攝《國務卿女士》時，我得清晨五點醒來，因此根本不可能把睡眠放在第一位。」帕提娜對於連續幾週的忙碌工作一點都不陌生，畢竟，她在紐約百老匯和倫敦西區有好幾檔演出。不過她說，照顧寶寶的那種疲累，與在百老匯一週演出八場的那種累，是不一樣的。

「我演出《彼平正傳》（Pippin）時（帕提娜飾演這齣戲的主角而獲得東尼獎），當時非常累，但是一切都照安排好的時程，我知道什麼時候該做什麼，完全是我自己可以掌握的，我有時間睡覺和休息。而照顧寶寶是終日不停歇的，不是幾個小時而已。有個小人兒一天二十四小時、一週七天都需要你在身邊，這種工作不是勞累可以形容。而且，你的服務對象是一個人類。百老匯是很硬沒錯，但沒有那麼硬。」

睡眠不足也影響到帕提娜的飲食選擇。無法把睡眠放在第一位，她所選擇的飲食就會很糟。「我必須前一天就知道隔天要吃什麼，並且事先準備好。要不然睡眠不足會讓我亂吃一通。」

帕提娜對新手父母的建議是，新手媽媽必須深呼吸，學習放下。「你所有的感覺都是真實的，會有心靈和身體上的改變，持平接受這份改變及不確定。情況會愈來愈好，但確實要花一些時間。不要評判自己，或是和別的媽媽、別的經驗比較。」帕提娜建議另一半要體恤妻子。「我們非常脆弱。」

這樣的睡眠不足，如此疲累和瘋狂，值得嗎？如果可以重來，她會選擇在事業最忙時生養寶寶嗎？「要我選一千遍也是一樣，她是我生命中最棒的事物。我們凝視彼此那一刻，是最美好的事。她是我做一切事情的原因；她確實是我生命中的最愛。」

帕提娜的舞台世界，我也淺嘗過。我演出了三十場《搖滾年代》，每一次表演完，明知該上床休息了（尤其是週末連演五場之後），但是我幾乎沒辦法睡著，整個人的狀態還像在鎂光燈下那麼亢奮，也就是所謂的演員腎上腺素作祟。

帕提娜工作時間很長，電視製作、彩排、背台詞、再加上一個小人兒等著要被餵，光是想到這些，我就累了。我們盡己所能地好好活著，也幫助我們所愛的人生存下來。因此，我們每個人在某些時候都是睡眠的超級英雄。我們從睡眠列車上摔下來後，重建的方法就是找到可以把睡覺放在第一順位的時刻。而這就要靠朋友的幫忙……以及創造休息假期的獲利者。

創造休息假期的獲利者

這樣的人目前的事業環繞在創造產品或服務，讓其他人可以選擇睡眠。

光是「度假」這個詞就能轉變你的心情。在一切都是快步調的此刻，我們有時會想逃脫日復一日的緊繃壓力，以及來自工作與家庭的責任。離開一陣子可以讓你恢復元氣，就像按下重新設定鍵，等你再回到日常生活時，身心煥然一新。

——麗莎・盧多芙－裴洛（Lisa Lutoff-Perlo）
名人遊輪（Celebrity Cruises）總裁及執行長

要好好睡一晚，還有什麼比超棒的假期更有貢獻、更能讓人放鬆呢？奢華的三溫暖療程、美食餐廳、超級舒服的床鋪，而且在海波浪的懷抱中入睡？應該沒有別的比得過吧。

再加上，通常很少有女性主導大型全球旅遊公司，而我非常高興能有這個機會，在二〇一五年與麗莎・盧多芙－裴洛（Lisa Lutoff-Perlo）及名人遊輪（Celebrity Cruises）合作。我協助為該公司的三溫暖服務設計一套名稱，取得很有趣、很有科技味，例如 FACEialTIME、Texticure、Control-Alt-Relax 等等。當時我兒子三個月大，所以我設計這些寵愛自己的旅遊套裝，部分原因也是為了，沒錯，我自己。

在競爭激烈的奢華旅遊市場中，麗莎重新打造與定義名人遊輪這個品牌，成果非常亮眼。她的事業是為遊客提供放鬆體驗，所以，遊客登上她的船，她就要幫助遊客把睡眠列為第一要務，這是她的企業主軸。

麗莎說，好好睡一晚能夠滋養心靈、身體及精神。她個人深深信奉「早起早睡」。我問麗莎是否親身實踐她所宣揚的。她說：「我每天八點或八點半就上床，五點或五點半起床，就連週末也是這樣，因為我屬於愛睏一族。我非常愛睡覺，我真心相信只有睡眠能夠讓我從頭到腳煥然一新。」

名人遊輪的「全心眠夢」療程，是從現有的身心靈健康療程中自然延伸出來的。麗莎的客人回饋說，有時候得要花一晚或兩晚才能完全撇開忙碌而充滿壓力的工作或家庭生活，轉換成度假的心理模式，沒有任何進度壓力、截止時限，或是保持在讓人聯絡得到的狀態，除非客戶自己選擇要這樣做。

麗莎告訴我，度假主要元素不是睡眠，而是把我們攬在身上的壓力卸下來。「度假讓你在沒有壓力的情況下有機會放鬆、多一點時間休息及睡眠，」她說，「而且，要調整睡眠習慣或補眠，海上假期是最好的方式。身處在大海之中，是世界上最放鬆也是最棒的體驗，能讓你處在最充分休息的心靈模式。」

充分休息的假期能幫助我們回到真實的心靈模式，讓我們能與所愛的人連結，並且欣賞我們一手打造的美好生活。「我們都需要停下來休息，但有時候我們就是需要被提醒一下才能做到。」

麗莎的團隊挑選的療程是按照當紅趨勢、顧客回饋，並且找出市場上有趣的新型態服務。「我們很快就能知道什麼有用、什麼沒效，因為全球都有我們的客人，他們結束每段航程之後會分享經驗或回饋。我們會迅速應變直到改善。好消息是，大部分時候我們都做得很好。」

遊輪假期是最能放鬆的地方，因為他們寵愛客人、預期客人的需求，有時候甚至比客人還要明白需求是什麼。麗莎希望客人上船之後能夠開展視野。「旅行到美麗的目的地、認識新的人、探索不一樣的文化，改變我們看待世界的方式。我們的心胸更寬容、更接納，這樣會讓我們比較滿意自己的生活。」

麗莎最喜愛的回憶之一是航行到沒有去過的港口，她會滿心期待那天將會發現什麼。那是我們忘不了的時光，而這些回憶也會永遠改變我們。用別的方式旅行就體驗不到這一點。「遊輪的特別之處就在於大海與陸地的連接，而且它創造一種獨特的環境，讓你盡可能得到最棒的休息。」

我問麗莎，為什麼近來睡眠成為這麼熱門的話題，她引述名人遊輪董事長李察．費恩（Richard Fain）的話說：「科技的步調不會比今天慢，只會愈來愈快。」她認同這一點，但不只限於科技，每件事都是。我們工作更重，與外界連結的時間更長，做的事情更多，睡得更少。工作、小孩、父母、朋友，我們一直不斷在這些事情中打轉。「我不知道這一點是不是現代社會的壞處，但這確實告訴我們，必須更關注休息、靜坐、睡眠，把這些放在第一位，讓自己有辦法去應對壓力，以健康的方式恢復元氣。情緒和身體復原以及身心健康，睡眠是關鍵。」

至於利用睡眠這個問題來作為賺錢的事業，麗莎說，助人產業裡充滿機會。「有人願意付不少錢給夜間及睡眠諮商師。依賴睡眠輔助或低噪機器等等的人數有幾百萬人。而且，床墊和寢具產業價值一百五十億美元，不是沒有道理的[21]。我們每個人遲早會在某一個時間點理解到，睡眠是人生中不能打折的事物。」

21 Feldman, Amy, "Dozens of Upstart Companies Are Upending the $15-Billion Mattress Market," Forbes, May 2, 2017. https://www.forbes.com/sites/amyfeldman /2017/05/02/dozens-of-upstart-companies-are-upending -the-15-billion-mattress-market/#5f472a617da3

試試彈性工作

有時候要讓人生有彈性一點，像是在家工作、成為自由接案的工作者等等，這些做法讓我們有自由能夠把人生其他領域放在第一位。莎拉．薩頓．菲爾（Sara Sutton Fell）是彈性工作公司（FlexJobs）的創辦人及執行長，這家領先業界的公司為專業工作者提供線上服務，例如遠距工作、彈性時程、部分工時工作，以及外包案件。彈性工作公司提供給求職者一個安全、簡便且有效率的管道，找到專業及合法認證的彈性工作。

重點是，因為有遠距工作及彈性工作這些選項，工作者比較能流暢地調整各種任務間的輕重緩急，就能避免許多這種情況下會發生的衝突。這些選項也能讓我們的生活更健康、更能持續下去。

彈性工作公司進行一項調查，問受訪者為什麼對較為彈性的工作感興趣。調查發現，二〇一三年以來，想要找彈性工作的人，前四大原因是工作生活平衡（百分之七十八）、家庭（百分之四十九）、節省時間（百分之四十六），以及通勤壓力（百分之四十五）[22]。

莎拉相信，真正的平衡是長期平衡。對她來說，工作與生活的平衡並不是一個穩定的狀態，也沒有終點線。在她腦海中，能夠代表工作與生活平衡的具體物品是一個她小時候最愛的玩具，平衡板。

「玩平衡板的目標是試著在板子中央部分維持平衡，但是因為身體及平衡的運作方式，免不了要經常前進或後退，而且必須稍微轉移到一邊或另一邊，但又不能過度不平衡太久，這樣才不會跌倒。流動性和復原是很重要的。如果做得好，理論上你可以一直維持平衡，雖然實際上並不是一直都處在『完美平衡』的狀態，必須要時常變換重心，才能達到永續的平衡。」

假如在家工作或彈性工作是遙不可及的白日夢，那也不必堅持，尤其如果你是職場菜鳥。

莎拉說，目前職場上人數最多的千禧世代，成長過程大量伴隨著科技提供的流動性和彈性，這個世代非常習慣在線上溝通、學習與合作，因此她觀察到遠距工作的整合速度愈來愈快。「千禧世代不相信工作必須在辦公室或在一定時間才能完成，而且他們也比較會追求工作生活平衡以及彈性工作時程，比較不會把工

22 Weiler Reynolds, Brie, "2017 Annual Survey Finds Workers Are More Productive at Home, and More," FlexJobs, August 21, 2017. https://www. exjobs.com/blog/post /productive-working-remotely-top-companies-hiring/

作當作是人生的第一優先[23]。」因此，可以兼顧工作與生活的模式，讓我們比較不會忽略良好生活方面的需求。

根據彈性工作公司的調查，遠距工作還有一個很大的好處是，有無工作的差距就很明顯。這項調查對象包括全職父母（占百分之十六）、住在經濟弱勢或鄉村地區（占百分之十五）、有身心障礙或健康問題（占百分之十四）、全職照顧者（占百分之九）及軍眷（占百分之二）。

所以，如果你需要更注重睡眠（根據疾病管制預防中心，三分之一的美國成年人睡眠不足[24]），那麼，有一份彈性工作可以符合你的需求，而且也能賺錢來支付帳單！

而再根據調查，在財務方面，遠距工作者省下的錢平均是每年四萬六千美元，一年內不必通勤上班省下的時間累積起來超過十一天。至於整體身心健康狀況，百分之九十七的受訪者說，遠距工作或彈性工作對於促進健康及生活品質的正面影響相當大。百分之七十八受訪者表示這樣更健康（吃得更好、運動較多等等），百分之八十六受訪者說壓力比較小[25]。

讓我好好睡一覺

當我充分休息時，我從來不會對雞毛蒜皮的小事過度驚訝或是緊張兮兮，不會對我所愛的人大呼小叫，或是對朋友同事嘮叨不休。但是這些狀況當然都曾經發生過，就是在我沒把睡眠當成要務的時候，我會精力盡失，而我們每個人都需要精力，才能盡量好好發揮。我最健康、表現最高峰的時刻，就是努力把睡眠列為重要事項的時候。

睡眠諮商師潔妮．朱恩說：「好好睡了一晚之後早晨醒來，我真的會眉開眼笑。就好像我得知了世界上最被嚴守的祕密，有超凡入聖的感覺；我的態度、我的動力、我的身體，沒有極限。」

這聽起來很符合我那個無時無刻都笑咪咪的三歲兒子。他會這麼開心，是不是因為每

---

23 Howington, Jessica, "Survey: Changing Workplace Priorities of Millennials," FlexJobs, September 25, 2015. https://www.exjobs.com/blog/post/survey-changing -workplace-priorities-millennials/

24 "1 in 3 adults don't get enough sleep," Center for Disease Control and Prevention, February 18, 2016.

25 Weiler Reynolds, Brie, "6 Ways Working Remotely Will Save You $4,600 Annually, or More," FlexJobs, February 1, 2017. https://www. exjobs.com/blog/post/6-ways-working -remotely-will-save-you-money/

天晚上睡十二小時，再加上一場午睡？可能吧。要做到工作與休息平衡，睡眠有它的神奇又神祕的力量，難以捉摸又至關重大。雖然有些人不太需要睡那麼多，但是你不可能一直睡不好還能保持高水準運作。如果在「選三」中你忽略了睡眠，後果會是傷害你的健康、性情，以及情緒健全。《流言終結者》（*MythBusters*）甚至還專門做了一集特別節目〈醉到蹣跚ＶＳ累到發昏〉（*Tipsy vs. Tired*）來證明，睡眠不足時開車，比酒後駕車還要危險[26]。

總之，我認為對睡眠懂得愈多，你就會睡得愈多。

3 家庭

體驗到人生劇烈的改變與障礙時，我們與家人之間緊密的關係，能幫助我們度過困厄。

——朵琳・阿克斯（Doreen Arcus）
麻州大學人際關係與家庭專家

家庭是美好、艱難、必要、極度複雜的，無論是原生家庭或你選擇的家庭。不管家庭對你意義為何，都一樣會有家庭動力——幸福、負擔、依靠、壓力、包括缺點在內的一切。

身為祖克柏家的一份子，前述這些全部都有。不管在三項目標中我選了哪一樣，家庭永遠會選擇我。生下來就冠上這個姓氏，它成為自我認同的一部分，那麼這件事就避免不了。

---

26 "Driving Tired," Discovery: Mythbusters. http://www .discovery.com/tv-shows/mythbusters/about-this-show/tired -vs-drunk-driving/

世界上大約有七千個人的姓氏是祖克柏，而誰能想到，我們這個小小的家庭，竟然會變成所有祖克柏裡最有名的？

另一方面，我實在非常幸運，從許多層面來看都是。我的爸媽非常有愛，攜手一生、疼愛小孩、支持我們的夢想。不管我的阿卡貝拉歌唱表演有多遠，他們會開好幾個小時的車來參加每一場。這樣做也立下了一個模範，無論如何我們都會去參加家人的重要場合。現在我在自己的家庭也建立起這種無條件的緊密關係。最近我和先生飛越全美，大概只花個四小時去慶祝我妹妹的三十歲生日。而且就算在不同國家也一樣，有一次我從澳洲回美國參加我弟弟在哈佛大學的畢業典禮演講，幾個小時之後一轉身又飛回澳洲。有一次，馬克甚至在與歐巴馬總統的會議中提早離席，就為了參加我的百老匯首演。我父母傳遞給我們的價值就是家人站出來，我希望每一天我都能把這個價值傳遞給我兒子。

除此之外還要加上一個人，我每天都覺得非常幸運能遇到這麼棒的男人，這麼棒的丈夫與父親，他總是把家庭放在第一位，總是什麼事都邀我們雙方的父母，這一直都讓我受到啟發。他的家庭價值觀，完全和我父母傳遞給我的一模一樣。

而且，不用說也知道我有多麼幸運、受到眷顧、感到光榮等等，能夠擁有一生只有一次的機會投入臉書最前線，目睹我弟弟一躍成為明星，看著祖克柏這個姓氏變成創新與產業的同義字。自己的姓氏竟然像洛克斐勒或溫芙瑞[27]那樣廣為人知且受到尊敬，真是驚人。我每一天還是會捏一下自己，確定這是真的。

生命中有人無論如何都會在你身旁，這一點非常重要。就像麻州大學洛威爾分校的人際關係與家庭專家朵琳・阿克斯（Doreen Arcus）說的，我們在情緒及物質方面能夠有人支持是必不可缺的。有些人可能手上沒有很大的人脈網絡可以滿足這些需求，但是他們或許不像別人那麼需要支持，這要看你是什麼樣的人。

朵琳專精於幼兒成長，以及孩童如何在社會脈絡中透過滋養而發展。她說，當我們體驗到人生的變化，我們與家人之間的緊密關係能夠幫助我們度過艱難的過渡期。我們需要有人對我們說：「你現在的情況，我能感同身受。」

話是這樣說沒錯，但家庭這件事還是很複雜。

首先，如果你是為兄弟姊妹工作，這很複雜。在家族企業裡工作的人，就能體會它對人際關係的傷害。當某位家人是另一名家人的老闆，而且公事和私事之間的界線變得模糊時，事情會變得非常棘手。

27 溫芙瑞（Winfrey）為美國著名電視主持人歐普拉的姓氏。

如果你拿著這本書讀到這一段，你可能心裡會酸我說：「哦——蘭蒂，妳還真可憐。」哎，那你不要只聽我說好了。另一個在科技業的女性，我認為她的觀點很有價值。她的姓名縮寫也和我一樣是RZ，而且剛好也是為她的兄弟工作。這位就是露絲．載芙（Ruth Zive）。露絲是加拿大科技公司藍圖（Blueprint）的行銷副總。

「我不會說進入這個公司很困難，但我和我兄弟之間的關係絕對是個複雜因素。我要克服自己的擔憂，因為我知道行銷總經理會是我們之間的緩衝。有機會能在我兄弟的公司裡工作，對我來說是很興奮的。我知道他能達到什麼成就，而我希望能在其中貢獻自己。」

與家人一起工作的起起伏伏，沒有人比我更了解。好啦，也許傑克森兄弟（Jackson 5）比得過我。但我還是要說，如果你和某些人一起長大，你了解他們，也了解他的行為模式，比Google還要了解，你真的會想和他一起工作，為他工作或靠近他嗎？你願意犧牲你和他的關係，或更糟的是，犧牲你的理智，和這個人相處一週四十小時、一年三百多天嗎？

我會認識露絲是因為她直接寄電子郵件給我，沒有透過任何人牽線。我每天從領英、臉書及Instagram收到世界各地創業家寄來的幾千封郵件，真希望有時間可以一一回覆，因為我們都需要一個會回應我們、相信我們的人。但很不幸地，我沒有那麼多時間，所以大多數訊息都沒有回。然而露絲的信讓我眼睛一亮。她自我介紹是在科技業工作的女性，而且姓名縮寫也是RZ，也在她兄弟的科技公司工作，同時還是五個小孩的媽媽。

我同意以電話給她一點輔導。我們通電話的幾個小時之內，她就用我的名義捐錢給編碼女孩（詳見P.84），以答謝我回覆她這個素未謀面的人寄來的郵件。哇，以前從來沒有人這樣做過，所以露絲在我心裡脫穎而出。（給新手創業者的祕訣：露絲的做法要學起來，這樣沒有人會忘記你。）

露絲的故事很美好：她住加拿大，工作的直屬上司就是她的兄弟，藍圖公司的執行長。她說，自從三年前一起工作之後，兩人的關係就進化了。因為她很高興能被看重、協助家人推展願景；而且她在決策桌上有一席之地，能夠表達自己的聲音及觀點，這讓她覺得掌握了力量。

我可以作證，和手足之間能夠分享這樣緊密的經驗，實在超棒的。我很幸運，和家裡每個人的關係都很好，但在臉書前線，看著這個公司從無到有，這個經驗只有我和馬克能夠一起擁有。這是家族事業最酷的地方，無法取代而且別具意義。露絲這麼詮釋：「我每週有四十到五十五小時是和生命中最重要的一個人一起工作，多棒的一件事！」

但是，假如你對家人的熱情貢獻太多了一點，怎麼辦呢？露絲對我說，她認同兄弟的熱情，而且覺得自己轉行是正確的決定，但是她絕對會非常警戒，在為手足工作的過程中，絕對不能失去自我或是自己的夢想。露絲與她兄弟之間的工作關係聽起來非常健康。

露絲還有一點很令我喜歡：工作只是她生活的一部分。她愛這份工作（當然也愛她的兄弟），而同時露絲的自我認同還包含做為母親、妻子、朋友、練瑜伽的人，以及世界旅人。她預期將來會想要在事業上擔任更主導的角色，但是目前她做配角做得很自在。

露絲的兄弟身為上司，給她很多自由去掌理她的部門，但是這也不是常態。手足中的一位是老闆，另一位是屬下，有可能會造成怪異的權力關係，讓其他員工感到緊張，甚至導致整個團隊走向歧路。我們想要支持家人實現夢想及目標，可以看看威科電子（Wilco Electronics）的布莉琪．丹尼爾（Brigitte Daniel）的例子，她正是一位家族優先的投入者。

家族優先的投入者

這樣的人一心一意選擇家庭，選擇的次數比大部分的人還多。

> 我從來沒有後悔為威科電子工作，我真心相信為家族企業工作是一項殊榮。
>
> ——布莉琪．丹尼爾（Brigitte Daniel）
>
> 威科電子系統公司（Wilco Electronic Systems）執行副總裁

全美國只剩最後幾家由非裔美國人主導的有線電視業者，而布莉琪是其中一家創辦者的女兒。她出生在一九七七年，同年她父親以四千美元及強烈的創業精神成立這個公司。他被譽為費城有線電視產業中「撐到最後的人」。但是，像威科這樣的特殊性，在布莉琪的成長過程中對她並沒有什麼意義。「當時我以為有線電視產業不有趣、沒有創造性，而且只是一種看電視的方式而已。長大一點我才明白，這種產業有它的歷史重要性，它決定了人們現在如何溝通以及如何與世代對話；身在其中的人苦心經營三十年所做的犧牲；還有建築物以及企業要交棒給後代，這些都具有傳承的意義。」

布莉琪進入喬治城法律學院，才發現自己就與父親從前一樣，面臨了傳播產業的挑戰。「我二十一歲才瘋狂鑽研傳播法以及電視產業的企業實務，這個我曾認為不有趣又平凡的產業居然讓我充滿興趣，甚至點燃了我的雄心壯志。」

在家人支持之下，布莉琪每天早上醒來都覺得深受啟發。她期待能夠延續威科的功業，妥善運用她手中這個獨特的家族企業。威科提供給她的是一個平台，讓她去創造發揮、激發靈感、造成影響，讓她能夠站出去並獲得成功。「說到成功，我一直記得一句名言：『不是你吃，就是你被吃。』威科給了我一個坐在桌邊吃的座位，而這個桌子通常是設計給很多與我不一樣的人。」

反省了自己為家族企業工作的經歷，布莉琪想到另一句名言：「多得者，多付出。」對她來說，這句話代表很大的責任，必須辛苦工作才能承接家業。她在威科這十年經歷過許多起伏；企業經營有輸有贏，人際關係有得有失。不過，整體來說布莉琪還是很自豪，她知道這四十年來她們握有什麼、創造了什麼、一家人共同擁有的是什麼。

與家人一起工作，布莉琪最喜歡的部分是有能力和自由在科技及寬頻應用方面創造夥伴關係，以及結合科技界中較為弱勢的群體。「我利用威科企業的執行副總這個角色，我們做到了縮小數位落差，影響到費城幾十萬人；我們橋接了費城科技界的空缺，為過去沒有機會接觸科技、通訊及媒體的族群，創建引道及入口。」

布莉琪認為，讓家族企業強大的幾個要素是：毅力、溝通、承諾。家族企業需要這三個特質，才能守成、茁壯、成功。布莉琪說，考慮要在家族事業裡工作的人還有三件事要思考：第一，接棒計畫要早一點推行，而且要經常拿出來想；第二，要小心餐桌和董事會議桌之間模糊的界線；第三，要延請非家庭成員來組一個顧問團，這對成長、責任歸屬以及創新來說很重要。

布莉琪確實也發現在家族企業工作很有挑戰性。創辦人兼首席執行長（仍然是他的父親）就在走廊那一頭，他說一句話就能改變計畫，也會說出不中聽的評語，他經營公司的方向不同於布莉琪心中最好的方式。「基本上，家族企業可能很棘手。以音樂家法蘭基．比佛利（Frankie Beverly）的話來說，就是『喜悅與痛苦，陽光與雨霧。』換句話說，好壞都要承受，與任何事都一樣，而且你要保持運作。但是我們的例子至少是和家族一起運作。家人是你所愛的人，而且永遠會為你的利益著想，這是一件好事。」

布莉琪及露絲兩人都同意，在你與家人一起工作之前，一定要知道現實情況是，它的風險比非家族事業來得高。如果做得不順，後果會更加複雜。你不能簡單地把爭議歸咎到老闆的個性。那是你的家人，要是他們很混蛋，你不能把他們當作路人就這樣算了。（我的意思並不是說你可以把老闆當作路人；但是，如果你老闆做出很爛或是不道德的決策，而且你的老闆剛好是你爸爸，那事情就完全不同了。）

還有一個問題是，要證明自己。露絲和布莉琪說，有時候她們在公司裡必須更賣力工作來證明自己。露絲告訴我，要展現自己「夠格」得到這個工作，並不是因為裙帶關係而坐到這個職位，這讓她覺得有壓力。要是有人質疑你的功勞，會讓整個職場氣氛很不安，甚至有敵意。有些同事甚至會害怕和你互動，怕你會把事情「往上報」給你那個掌權的親人。

我完全能理解這一點。無論你怎麼做，別人還是會用另外一個家人的成功來定義你、標定你。每天都在兩種情形間擺盪，一下因為自己是這個家族一份子而覺得非常榮幸，要不就是希望自己有一天，一天就好，可以不要再聽到某些家人的名字。

我離開臉書第一年，覺得人們看到我就好像看到一台人體提款機。「祖克柏的家人？

（開關收銀機的音效）我們帶她去晚餐，然後也許她會打開手提包！我們來拉攏她，讓她把我們的慈善組織介紹給她弟弟的基金會」。但是，我的錢是自己辛苦工作賺來的，要由我自己決定怎麼花——教我這個人生道理的，還會有誰呢？就是我父母！

大學一畢業我就到奧美廣告公司工作，擔任業務企劃助理，我媽媽偶爾會來紐約市看我，我們會一起去買東西。說明白點，我們會去買鞋子。我媽媽會買很貴的高跟鞋給我，就是在《慾望城市》裡會看到的款式。我在紐約市掙扎求生，年薪不過三萬美元，每個月用掉一半薪水支付房租（有一個月我沒錢買地鐵票，只好去哪裡都用走的——幸好我的衣櫃裡全都是設計師款的鞋子可以穿來走路）。

我媽媽給的禮物，對當時的我來說根本沒有意義。她甚至還會把收據帶走，好讓我不能把鞋子退還以支付別的東西，例如，呃，你知道的，食物。我問她為什麼要買鞋子給我，而不是幫我付房租，她說她一定要我自己打天下，一定要我自己賺錢生活。但是同時她也要給我一點奢華品味，讓我知道人生要追求什麼，為什麼需要辛苦工作。她教我有能力時要給自己好東西，直到現在我都深深記得她的教誨。我這麼辛苦工作，就是為了成為現在這樣的女人；這就是為什麼，我要為自己、為我的小孩和我先生建立安適的生活，不依靠任何人，我覺得這很重要。

我知道自己還是有不安全感，每次聽到空服員說：「祖克柏？你和那個祖克柏有親屬關係嗎？」我就會覺得厭煩；或是在診所等待時，櫃檯人員一呼喚「祖克柏女士」，我就感覺到所有病患的眼光都投到我身上來了。結婚時其實我可以改姓的，但是我沒有。我對我的名字以及家人感到自豪，我也自豪我的事業選擇，包括進入家人的公司，然後又為了自己做女主角而離開。

目前我和父母住在紐約市，其他家人則住在加州。決定要搬到這個大蘋果主要是因為我愛這個城市，我熱愛藝術，以及我熱切渴望成為所有行動的中心，當然還有一個因素是，我給自己一個空間來拓展道路。矽谷是只有一種產業的地方，我想離開那個地方的嚴格檢視，我需要有喘息空間把焦點放在先生和兒子身上，以我想要的方式來養育我的小家庭。我終於有機會成為自己人生故事的主角，或者說是人生劇場吧。最棒的部分是，我的家人接受、支持並且了解這個需求。

家人一直是我的自我認同中很強的一部分，有我四個手足同在的地方，就有人可以一起玩。所以我不需要很多朋友，家庭總是我的社交生活核心。但是，如果我的背景不是那樣，那我會是什麼樣的人呢？

懷第二個兒子時，我有點失控。在那段時間，我先生還是像以前一樣時常選擇家庭。我應該要覺得開心，但我卻像個瘋婆子，在外面吃飯因為蛋煮得太生而哭出來；他送我冰淇淋或一束花時我會尖叫：「我是一隻狗嗎？要你這樣丟東西來討好我？」我還會對著柯達廣告大聲咆哮。臉皮薄的人不適合懷孕，男性或女性都是。體重會上升，荷爾蒙改變，錢會從窗戶飛出去。我完全能理解為什麼有些女人一點都不想要有小孩。

家人在遠方

現代家庭不比從前，經常是四散在不同地理區域。我們很容易就被繁忙生活纏住，掉到眼不見為淨的陷阱裡。這幾個方法可以讓你把家庭放在「選三」的優先順序中，即使家人在遠方。

- **運用不公開臉書社團**

我先生和我在臉書上有我們自己的不公開社團，我們會分享照片和回憶。我們的兒子大到可以加入社群媒體時，我們就讓他們加入。這樣一來，不管我們在世界哪個角落，或是有多忙碌，我們一定會花時間分享回憶。

- **群組簡訊**

用這種簡單而不緊密互動的方式，與你的家人分享你每一天的隨想，讓每個人能看到另一個人的生活。

· **每月家庭讀書會**

何不召集家人，每個月來一場視訊聊天會？聊聊一本書、一篇文章或新聞的心得，有個中性話題可以聊，也能夠減輕尷尬的家庭糾結或拉扯。

· **設定月曆提醒**

如果你發現自己太久沒有與家人聯繫，可以用月曆來提醒自己，設定固定日期和家人聯絡。「把家人列入待辦事項」聽起來好像很誇張，但是，嘿，這是現代世界嘛。（這個建議是來自一位在日曆上結婚日那天寫著「要去結婚」以提醒自己的女人。）

· **寄一封真正的信**

還有什麼能比收到一封實體信更讓人快樂呢？我個人非常喜歡使用一個應用程式，它可以從你的手機中提取照片，做成明信片，寄給真實生活中的人。

放下家庭的篩選者

這樣的人有意識地決定不要選擇家庭作為三項目標之一。

決定不要結婚或有小孩，百分之百是我自己的選擇。如果我想要的話，我可以擇一，也可以兩個都要。但是我完全不想要小孩；至於結婚，我並沒有完全棄置這個想法。我現在五十四歲了，還是單身……顯然我不會覺得結婚是死前最想做的事。我只是覺得，不必急於結婚或有小孩。

——愛倫．德沃斯基（Ellen Dworsky）
作家與編輯

愛倫．德沃斯基（Ellen Dworsky）並不想要有家庭生活。其實她在十二歲時就明白自己不想結婚、也不想要有小孩。這麼早就這麼明白自己要什麼是件好事，她去鄰居家幫忙照看小孩，回到自己家之後對媽媽說她絕對不想結婚，也絕對不要有孩子。她來自中上階級家庭，她的媽媽在她的成長時期是一名護士，除了照顧兩個子女，做為一九七〇年代賢妻良母，須視情況配合高階管理職的先生，因此護士工作只能有一搭沒一搭。愛倫即使只有十二歲，也知道自己並不想走上媽媽這條路。不想要有小孩似乎一直是她內在的一部分，就像一生下來就有兩隻手一樣。愛倫正是我們所謂的，放下家庭的篩選者。

愛倫到目前為止有三次機會可以結婚，分別是在十九歲、二十幾歲和三十幾歲時，而且有一度她差點讓自己被說服要懷個寶寶。「但是，那四次都是不會發生的情況。就像你說『我要當飛行員，我要去航空公司上班。』但其實你只是去上了幾堂飛行課而已；或許拿到了飛行員執照，但是從來沒有去找個飛行的工作。換句話說，你嘴上說好，但心知肚明這件事根本不會發生。所以就算嘴上說好也沒關係，反正你並不會實行。」

愛倫對人生有很大的展望。近六年來她奮力對抗間質性膀胱炎，但是仍然廢寢忘食樂在閱讀（每年讀的書超過兩百本），她也沈浸在創意方面的興趣追求，例如用舊鈕扣做珠寶飾品，用舊物、蕾絲和小珠寶做手工卡片，還有網頁設計。她是一個專業作家與編輯，十年前就成立一個寫作團體，目前還在運作中。所以，每當有人問她是否後悔，這句話都還沒問完，她就會不假思索回答：「不後悔！」

「我今年五十四歲，已經過了更年期，所以不可能會有自己生的小孩，我從來不後悔。有時候我的確會想，沒結婚又沒小孩，老了之後怎麼辦？但是就算結了婚，也不保證不會離婚，或丈夫不會比我早死，而且也不代表我不用照顧先生或成年的小孩。再說，誰能保證小孩會在你老的時候照顧你？我就認識很多成年子女根本不想和父母保持連繫。」

愛倫非常清楚，她不想結婚、不想有小孩，所以她對自己的毫無懸念從來沒有質疑過，而且從來不覺得那是個需要克服的問題。一方面是她過了生育的生理時鐘讓她的選擇變得簡單，她從來不擔心別人怎麼看待她的決定。雖然她曾宣稱等到三十五歲再結婚，但那只是別人問起時她拿來搪塞的話罷了。畢竟長大成人的自己不能完全肆無忌憚，像十二歲時對媽媽講得那麼坦白直接。

「我看著那條道路，我說『不要，那不是我要走的路。我要走出自己的路。』並不是因為現實生活中有什麼例子可以參照，所以我才這樣選。我認為，不要擔心別人怎麼看待你，不要在乎別人說你應該做什麼。你就按照對自己最好的方式來做。」

我真心讚賞愛倫知道自己要什麼，但是，有很多女人並不知道自己想不想要有小孩，很多女人根本還沒準備好，或只是覺得已經沒有時間了。我有很多朋友辛苦去做體外受精。我曾經陪伴朋友度過冷凍卵子的痛苦過程，好幾週的打針、治療、復原，只為了能夠展延她們的選擇及決定時間；我也有朋友經歷過令人傷痛的流產，有些是在懷孕最後幾週才失去的。家庭這件事，每個人都有自己一路走來的歷程，而某些人的歷程更加艱辛、充滿壓力，甚至比別人還要殘酷。

也不只是女人，或者說是還沒有小孩的女人。我的事業夥伴和他的丈夫由代理孕母懷上奇蹟雙胞胎之前，他們也經歷卵子捐贈者多次流產或受孕不成功的失望。

甚至我自己的家庭也是。我先生是獨子，從來沒有兄弟姊妹，我知道他很想要一個大家庭，如果我們有第三個小孩，他會很高興。但是我呢？我其實不知道。我的事業很忙碌，已經有兩個可愛的小孩。如果我們有第三個孩子，卻把一切都搞砸了，那該怎麼辦？也可能是我又後悔沒有生呢？問題就在於，我沒辦法這樣猶豫不定。不管你是沒有小孩還是十個小孩，或已經歷四段婚姻，可以說這完全只是你個人的問題，做決定的壓力永遠不會結束。

我知道，我能夠有選擇已經是非常幸運又好命，然而，**做決定的美好之處就在於，所有決定都是出自於你的選擇**。選擇不要有第三個小孩，或是不要有第二個，或是不要有任何小孩，就和選擇要有小孩一樣重要。有時候，許多情況超出我們的掌握與理解，讓我們不得不做出困難的決定，在三項目標中選擇家庭這一項；有時候我們就是知道，這個決定對我們並不好。

那麼，如果所擁有的這些，一下子就被拿走了呢？這就是發生在芮貝卡·索福身上的事，她是獨生女，認為家庭是她自我認同的核心。然而先是祖母過世；接著是她視為最好的朋友——媽媽，突然出車禍；最後是爸爸，幾年後因心臟病離開。如果你非常渴望選擇家庭，但就是不行呢？命運就是這樣玩弄芮貝卡。

我們是一家人，正在吵架的一家人

家庭衝突絕非易事。若你目前正處在家庭悲喜劇中，可以參考這幾點：

- **寫下來**

有時候把事情寫下來能夠幫助你把自己的感覺表達得更清楚，這樣你會比較能夠處理你的情緒。

- **請中立的第三方來協助討論**

也許是朋友或信仰方面的社群領導人、鄰居、公家調解人。讓中立的第三方帶領討論，會讓人比較講道理、比較理性，而且比較坦然地去聽別人的觀點。

- **和專家談談**

無論是治療師、線上支持團體或是無數其他資源，和一個與你家庭無關的人談一談會有助於你釐清感受。

- **舉辦家庭聚會要在中立的場所**

也許感恩節晚餐在餐廳舉行，會比去某人家裡來得好？有客人在場或是有規劃好的活動，會很有幫助，而且可以讓每個人有共同的基礎來討論。

走出家庭失落的革新者

人生遭遇重大挫折，迫使這樣的人重新聚焦，並重新思考該如何定義家庭及選擇家庭。

最低潮的時刻是，我突然明白「我再也沒有家了，感恩節時沒有人會期待我回家了。」在父親的葬禮上，我這樣對一位拉比說。而他回答：「沒錯，你必須建立新的基礎。我不想用糖衣掩蓋這一點，你必須這麼做，找出你的新基礎是什麼，然後建立它。」這是我聽過最棒的建議了。

——芮貝卡・索福（Rebecca Soffer）
現代失落（Modern Loss）網站創辦人

單身無子女的芮貝卡，三十出頭就失去雙親，但她徹底重生並調整自己的生活，現在幫助好幾千人度過同樣的困難。然而這樣的事並不是她以前立志要做的，她不是個夢想著建立網站來幫助失去至親之人的小女孩，她本來的人生目標是當新聞記者，在《荷伯報告》（*The Colbert Report*）工作了好幾年，那段時期失去了祖母及媽媽，整個人生就此崩解。

芮貝卡開始有嚴重的創傷後壓力症候群。她是獨生女，世上親人只剩下爸爸，她開始非常害怕爸爸有什麼不測，她會開好幾個小時的車去確定他的狀況。然而惡夢成真，爸爸過世時，「我以為我的生命到此結束，」她哭著對我說，「我真的認為，這世上我什麼都沒有了。」當時芮貝卡三十四歲，失去至親，她所知道的每一件事彷彿都與她解離了。她一直都是把家庭放在任選三樣中的人，「我的自我動搖了。以前我總覺得自己是個和父母很親、戀家的人，突然之間，那些全都失去了。」

芮貝卡用盡全身力氣才沒有完全崩解；她故意在上班時說些笑話，假裝沒事。她覺得自己在演戲，「我一直沒辦法找到一個能了解的人能與我談談。別人會問我：『你好嗎？』但我不想坦白說我其實一團糟。我有很多朋友，但她們不知道要為我做什麼。」

有一陣子芮貝卡會婉拒一些令她痛徹心扉的活動邀請。她告訴我，母親節或父親節時，看到社交媒體上別人和爸媽微笑著合照，她好難過。「有好幾年，我會怨恨那些父母健在的人，我會拒絕朋友邀請我去參加婚禮，因為我不想看到他們的爸爸陪著走上紅毯。母親節時我會去公園讀一本書。」

現在芮貝卡已經建立她自己的家庭，有一個丈夫和兩個可愛的孩子。我們交談的過程中，她真的啟發了我，讓我知道不管再怎麼艱困都能夠從灰燼中重生。「我的父母是我最好的朋友；我這輩子每天都想念他們。直到現在，碰到某些情況我還會心想：『我要打電話告訴爸爸這件事。噢，等等，不能了。』他們從來沒有見過我的小孩，我好難過。我到現在還是個很重視父母的人，所以也會和別人的父母交流感情，我真的下了很多功夫。」

現在，芮貝卡成立了現代失落（Modern Loss）這個網站，幫助別人坦然分享自己面對失落的感受。死亡在社會中仍然是個禁忌，被認為是令人垂頭喪氣的事。「死亡一定會發生，每個人都會碰到，總有那麼一天，你會失去摯愛的人。現代失落的目標就是讓大家現在就著眼於這件事，協助社會以平常心看待這個話題。如果死亡沒有發生在我們身上，我們不會去做這件事；這是從個人劇痛創傷的經驗中長出來的。」

整天都在寫死亡，聽起來好像很陰鬱。但是如果你見過芮貝卡就會知道，她比你所見過的任何人都更遠離陰鬱。芮貝卡如陽光般和煦而樂觀，綻放友善的微笑，態度開朗愉悅，眼神溫暖可親。「我不認為現代失落這個網站是關於死亡。這個網站是關於生命，關於毅力和樂觀。關於那個被拋下的人，以及之後發生了什麼。」

如果你也有同感、能夠理解，我和芮貝卡談話後的心得是，你還是可以選擇家庭，即使以傳統標準來說你並沒有家庭。芮貝卡一直都自認是戀家的人，從來不曾中止或放下家庭，她只是重新定義家庭代表什麼。沒有家庭時，她是和她的公司以及現代失落的社群一起創造家庭。最終，她與丈夫及小孩建立了一個家庭。

也許你讀這本書的時候正在艱困的狀況中，迫使你必須重新聚焦，安排輕重緩急。如果你覺得自己永遠走不出來，永遠無法克服傷痛，得要獨自一人做決定，那麼請參考芮貝卡的智慧：「我曾以為自己往後一輩子的每一天、每一分鐘都會悲傷。你必須能夠由樹見林，而唯一的辦法就是往前走一小步。也許會後退一百萬步，但是隨著潮水漲退，很多好東西會被沖上岸來。以我來說，那些好東西就是我參與創建的網站，以及我的丈夫，我覺得是我媽媽把他送到我身邊的；還有我的小孩，我從來沒有想過會有小孩。我沒有辦法和你說好東西什麼時候出現、怎麼出現，但確實會漸漸好轉的。」

如果你和芮貝卡有類似經驗，一樣痛失家人，希望你也能找到方法再振作起來。撇開血緣和DNA，拓展家庭可以有很多方法；可以培養絕佳的友誼，並且建立新的家庭，就像芮貝卡那樣。

我們甚至可以選擇某個非常重視家庭的職業，甚至連同事都好像是有血緣關係的一家人一樣。不過有時候在職場上，家庭並沒有獲得應有的重視。有些公司根本不重視家庭，為人父母的員工如果為了緊急家務事離開崗位，還會被處罰甚至解僱。

如何應對「不讓你選擇家庭」的老闆？

工作與家庭常有所衝突，這可能會導致壓力升高，家裡另一半也會感到挫折。阿拉莫租車公司（Alamo Rent A Car）做了一項家庭假期調查，大約半數美國就業者「不好意思休假」，或是計劃要請假去度假時會覺得有罪惡感，也因此家庭假期的品質反而受到影響。百分之四十九的美國就業者認為，家庭出遊最重要的好處是共度有品質的時光；然而將近三分之二的受薪家庭表示會在全家度假時花些時間工作，其中有一半的原因是：不想在回到崗位時工作堆積如山。表達這種想法的媽媽比爸爸還多（百分之五十二對上百分之三十八）。更有甚者，美國每五個就業者中就有超過一位表示，他們被期待在休假時要查看工作訊息，雖然大部分人（百分之五十三）在度假時寧可完全斷捨離[28]。

不過，如果你有一個很難纏的老闆，該怎麼做才能得到有品質的家庭時間呢？「工作、生活、領導」（Work.Life.Leader）是為想要轉化專業的人士所設計為期一年的課程，創辦人暨執行長茱莉・柯涵（Julie Cohen）是一位執行教練，她是工作及生活風格專家，針對各式各樣問題為客戶提供建議，包括婚後改姓的利弊、懷

28 "Reclaim Your Vacation," Alamo, February 1, 2018. https://www.alamo.com/en_US/car-rental/scenic-route /vacation-tales/vacation-shaming.html

孕時找工作的技巧訣竅等等。她說，應對老闆並不容易，同時也十分重要。「老闆的期望侵犯到你的私人生活或家庭時間時，最好不要拖延，要盡快處理這件事，若你不理會這個問題，就表示老闆會假定沒有問題。任何人在不斷挫折、生氣、疲累或沮喪之下，都不會有最佳表現。」

沒錯！所以該怎麼和老闆談，才不會惹毛老闆？茱莉說：「對老闆的作風及期待表達你的關切，通常談過一次之後就有提醒的作用，能停止或至少減輕不想要有的影響。」

「為了提醒老闆注意，要請老闆撥出一些時間與你談談，為公司或組織產出最好的成果，和老闆說明你最能發揮能力的方式是什麼。重點要放在雙方都想要的結果(高品質的產出、創造性的構想、縝密的分析等等)，並說明你怎樣才能發揮最佳效用。你可以陳述你的偏好，同時也表現出你是可以有彈性的……但是，最好的工作成果會是在一個特定的時間範圍內。」

有時候老闆不在乎，那麼你等於回到原點。但是，有展開對話仍然是個好的開始。「如果你不去創造對話，你永遠沒辦法達到更好的狀況。理想上，你想要讓老闆明白你的最佳工作模式；並且當你有需要，或是當你需要的與老闆提供的不同時，你能夠和老闆溝通。」

好，但若我是在南太平洋的波拉波拉島的潔白沙灘上讀這本書，而我的老闆已經傳簡訊又打電話給我二十次了。我現在就需要讓老闆了解我的界限在哪！

「另一個比較隱晦的強調方式是：忽略他們，直到你回到崗位上；或是根據你的偏好，在比較適當的時間工作。你可以這樣測試一次或兩次，看看會怎麼樣。有些老闆可能會在你休假時傳簡訊或要求聯絡，因為那是他們工作的時間，他們不一定會期望在隔天早上之前得到回應；同樣地，世界各地的同事會在他們的工作時間傳來訊息或要求，但是不會期待你要馬上回覆，除非是到了你的工作時間。你可以用這個方法對你的老闆實驗看看。如果這會造成問題，他們就會開口告訴你；如果沒有造成問題，那麼你就會知道，你擁有的自主權其實比你想的還要多。」

若是要對付干擾家庭生活的老闆，可以參照茱莉的攻略：

‧評估老闆的行為

首先，評估老闆的行為對你或是你完成工作的能力有什麼影響。一旦弄清楚這一點，就去找老闆談，直接強調這個問題。你一定要把這個問題鎖定在「這是正經事」，把關切點塑造成是為了提升你的能力、讓工作更有效率。

· **掌握溝通技巧**

要具體說明哪些做法行不通，除了談話之外，當你關切的情況發生時，記錄下來，並留存任何與你關切事項相關的電子郵件或語音留言。理想的狀況是，你要和老闆一起解決你所關切的事物，而不是把老闆搞成「壞人」。

· **尋求他人協助**

如果你覺得由你一個人與老闆談不太自在，就去找其他人，也許是另一個組織的領袖，或是人力資源專家來協助。當然，如果那個行為對你或其他人有傷害，或是不合法，那麼你要抽身出來，到了安全的環境再尋求協助。

茱莉總結說：「『受夠了』這種感覺是非常個人的，要看你從工作中想獲得的是什麼、需要的是什麼。有個評量公式是，工作帶來的壓力、挫折及(或)沮喪，多於你經驗到的好處(錢、樂趣、成就等等)。這個測量指標是以價值觀為基準，所以每個人得自己決定要不要處理難纏的老闆。」

如果你的老闆一直都不尊重你的家庭時間需求，你有兩個選擇——留下來並堅持你的立場；或者，如果可能的話，離開另覓工作。但是你不一定有選擇家庭事務的餘地，尤其當小孩生病或受傷時。我記得有一次剛下長途飛機，打開手機就聽到語音留言說「你的兒子被送到急診室。現在就過來！」幸好後來沒事。很多媽媽朋友對我說「這是當媽的必經過程」，親職有時候就是會出乎意料，突然需要你全天候的關注。

為家庭奉獻自我的超級英雄

他們投入家庭，以支持所愛的人。

我會後悔把我兒子放在第一位嗎？當然不。但我承認，有時我是真的想念有工作時的「我」。所有做媽媽的，總有個時候會走到親職的十字路口，我也一樣，試著把人生最重要的事擺在第一位。我當時的想法是，隨時都可以回到職場賺錢。當時工作的銀行不會想念我，事業可以等，但是我兒子需要我在他身邊，做他的母親、他的帶領者、他的朋友、他的磐石。

——蘭姆雅．庫瑪（Ramya Kumar）

自閉症照顧倡議者、母親

對某些人來說，急診室的情況不是只有一天而已，我經歷過幾次必須抽身去處理的意外狀況，頂多花了我四十八小時；但是某些父母必須做出困難的決定，為了配合家庭的需要，人生就此翻轉，蘭姆雅．庫瑪（Ramya Kumar）就是一個例子。蘭姆雅從商學院拿到企管碩士的第一天起就在銀行業工作，她渴望成功，以驚人的速度爬升。她在一家跨國銀行公司工作，才剛被拔擢為副總時，患有自閉症的兒子狀況變差，兒子的治療師建議蘭姆雅盡可能多花一點時間陪兒子，尤其是因為兒子對於母子倆之間獨特而深厚的關係反應相當好。

蘭姆雅減少工作時數的四年期間，丈夫負擔起家庭大部分的經濟責任，而她除了工作之外，持續帶兒子做各種治療，看治療師、去醫院，還要兼顧自己的個人生活。後來她發現，不管是對工作還是對兒子，她都沒有辦法百分之百投入，因此她重新評估優先次序——看是選工作還是兒子。她心裡很明白要選哪一個。蘭姆雅退出職場，全心奉獻給兒子，全年無休照顧他。

選擇待在家裡照顧兒子，這個決定在財務和個人方面都是困難的。長久以來，蘭姆雅是什麼樣的人，有一部分是由事業來定義；透過事業，她贏得尊重，擁有她的主體性，因此放棄事業相當困難；但是，兒子的需要勝過一切。蘭姆雅對自己的人生成就感到滿意，對於她所做的決定，目前為止都覺得很好，但她也承認心裡一直有點掙扎。「我學到的一點是，我的自我認同就是我怎麼看自己，其實我的自我認同一直都在進化。話雖如此，當我想到這世上什麼事物最能定義我，那就是我兒子。」

成為將自我奉獻給家庭的超級英雄，這個決定伴隨著日復一日的挑戰。蘭姆雅仍然掙扎於自我價值。她覺得每天必須有點產出，才能證明自己。有時她做得太累了，鞭策自己太過頭而導致焦慮和緊張，甚至比她還在上班時更常如此。她必須摸索著度過失望和挫折的心情，通常不只是覺得愧疚，還會質疑自己的能力。「選擇這條路，覺得寂寞而且社交孤立的風險是很高的。你可能會渴望有一場成人之間的交談，才不會發瘋；你可能會覺得被遺棄，因為世界似乎把你拋在後面；有時候你會覺得自己不如人，外面的世界好像變得比較可怕了。」

蘭姆雅說，世界變得比較可怕有很多原因。首先，如果你選擇家庭做為事業，那是個全年無休的工作，週末和度假也等於在工作。而且，這個工作有個最難纏、最難討好的老闆！還有，你周遭的人們對待你的方式也會不一樣。

「你在現代社會裡顯得不夠精明老練，這是刻板印象。我們這些決定放棄事業來養育孩子的人會被嘲笑，全職照顧家庭的這個角色被降格，不再是值得讚許的追求。這對我們愈來愈低落的自尊心一點幫助都沒有！」

蘭姆雅認為兒子是她的「精神導師」，因為他讓她體會到一種洞見透徹的人生哲學。「人們踏上尋找人生意義的旅程，在書裡、在精神導師身上尋求真理。我的精神導師則是和我住在一起，我所需要的是去了解他教導我的方式。他默默地教會我，讓我知道自己是不完美的。我不能改變那些無法改變的事，我不能老是按照自己的意思來做；我必須學習有耐心，我必須看到光，即使四周一片黑暗。」

如果蘭姆雅不是要照顧兒子，她仍然會追求社會地位，仍然會陷在企業的轉輪裡跑個不停，但是，和兒子在一起，讓她對人生有不同看法。這種生活教她停下來仔細看看每個細節，並且欣賞微小事物綻放的美。她愉悅地活在當下，微小的事物就能讓她讚嘆。她的兒子帶給她的是，人生最有價值的事情即為……她的兒子。

做個為家庭奉獻自我的超級英雄，並不是只有犧牲而已，其實也很有樂趣。蘭姆雅說，變身為孩子最好的朋友，等於是重拾童年的絕佳機會。她推薦：跳水窪、與孩子一起笑鬧、與孩子一起做你小時候最喜歡做的事。你可以再次回到小時候，這是最大的回報了。「由你的孩子帶領你進入他們的神奇世界，和他們一起經歷一切。這是個真正的機會讓你盡情放開，從你孩子的眼光來看生活。相信我，你會突然看到生活的全新意義，看待每一件事的眼光都會改變。」

有一點很重要的是，父母之中傾向犧牲的一方並不都是女性。蘭姆雅說，父母雙方通常一開始對家庭、生活及事業的渴望都是一樣的，但是實際上各人生命如何展開就有所不同，因為個人狀況、財務需求、支持系統，以及其他許多變數都有影響。「世界各地大部分都視母親為最初照顧者的角色，女性很容易就成為照顧者，而且大部分是自願的。」

女性在職場上到最後經常是「因為做媽咪而被懲罰」，但這個決定還是要看個人，每個家庭都不一樣，情況各有不同。「整體來說，每個人根據自己的優先順序，來決定把時間和情緒精力投注在哪裡。包括我在內，目前大部分的狀況需要我當孩子的靠山、當他的錨，我自己樂於接受這個角色。是我來做這個決定的，因此，『犧牲』這個詞並不適合我。」

蘭姆雅表示她並不是犧牲，但她也很清楚很多家長的確是為家庭犧牲。許多上班族父母為了配合孩子的需求而影響事業進程；有更多父母因為財務關係被迫選擇工作而非親職或是被迫選擇親職而非工作，這並不是基於自由意志。

雖然如此，顯然蘭姆雅非常確定，為了她的家庭、她的事業、她的人生，這個決定是正確的。「這是個困難的決定，但如果重來一次，我仍然會毫不猶豫，因為這樣做對我和我兒子都是正確的。」

我知道，對很多人來說，這個故事很熟悉，原因包羅萬象。當你有了家庭，有人必須依靠你，這些人有需求，而且陷入任何人都無法控制或預測的情況及事件中，你就會發現自己立刻顯露出動物本能的保護反應。有些時候我們慶幸這是短期危機，但我和許多父母聊過，他們得要中斷喜愛的職涯、搬到新的地方、為孩子換個新學校，或是成為倡議者，疾呼更好的醫療照顧——這些父母突然面臨了人生中巨大的改變，優先順序不同了，這是他們從來沒有想過的。如果你是你家的超級英雄，我有一個問題要問你：你有沒有自己的超級英雄？如果你忙著以別人為優先來照顧別人，是誰把你放在第一位來照顧你呢？

目前我並不是二十四小時待在兒子身邊照顧他們，這並不代表我會一直這樣；也不表示我不會一下子改變心意——如果出現某種情況使我覺得我必須這樣做的話。對於那些選擇全職照顧家庭、每一天都把家庭放在第一位的人，我由衷地敬佩。

養育孩子需全村之力

當「意外」來臨的時候，我們會很想披上超級英雄的披風，自己一手包辦大小事。實際上，在你周圍的人，不管是你的原生家庭、你建立的家庭，或是你所屬的社群大家庭，大家都很希望能幫上忙……如果你願意讓人家幫忙的話。接下來的方法，可以讓你多多依靠你的支持網絡。

・向別人說明該怎麼幫忙

無論是新生兒、遠距搬家、生病需要照顧、措手不及的哀慟等等，別人都會想要幫忙，只是可能不知道怎麼做而已。你希望有人可以幫你煮飯帶菜，或是去超市買東西嗎？你需要人手幫忙你照顧摯愛的人嗎？有什麼特定東西是你需要的呢？讓別人知道具體的幫助方式，得到你值得擁有的支持。

‧幫忙和幫凶要區分清楚

無論你是在產後憂鬱期、專注在變得更健康，或是試著要把日子過得更快樂更好，你要伸手讓周遭的人扶你一把。參加支持團體，找出與有同樣經歷的人的共同點。讓你的親朋好友知道如何支持你走這段路，也讓他們知道要避免說什麼話，才不會讓你的進展受挫。你要能判別誰是讓你沮喪的人，這種人不是在支持你；對這樣的人，保持距離的愛比較好。

‧僱請幫手

家有新生兒時，如果家人能在身邊幫忙是最棒的，但要指正家庭成員，或是要求他們用不同方式來做事會有點困難。如果有室友幫忙煮飯，那很好；但如果煮的都是不健康的食物，反而違背初衷。你要找出生活中有哪些層面會造成你和親朋好友的關係緊張及衝突，然後衡量看看，擠出預算來聘請專業的人是否比較實際。和朋友或家人之間的關係，有時值得額外花多一點錢來保住。

還有一件事，我想所有父母都會心存感激，不管是他們是全職在家還是外出工作。是的，我們都很感謝那些聰明體貼又有才華，在兒童娛樂業工作的人。

創造陪伴的獲利者

這些人目前的事業和使命是為家庭創造服務或產品。

> 在這個世代的成長過程中，每天的生活都伴隨著恐怖主義的影響。小孩子高度警覺到政治和國際所發生的事。在學校，小學一年級就要進行反恐演習，我們需要藉由超級英雄的故事讓孩子們覺得自己是有力量的，幫助孩子們養成堅忍的毅力，並且有安全感。這個想法現在一直存在我的心裡。
>
> ——赫莉．史坦福（Halle Stanford）
>
> 吉姆韓森公司（Jim Henson Company）電視總裁

對赫莉．史坦福（Halle Stanford）來說，幫助別人在三項目標中選擇家庭，一直是她的專業所在。赫莉由單親媽媽撫養長大，成長過程中看了很多電視節目。她喜歡電視，尤其是給小孩看的那種，節目中的故事和角色在她寂寞時陪伴她。赫莉長大後還是喜歡看電視，甚至高中時還在看《藍色小精靈》（*The Smurfs*），愈投入就愈想為孩子創造她小時候看電視經歷過的感覺。當時她想像自己是個媽媽，在電視上說故事給孩子聽。快轉到現在，她成為吉姆韓森公司的電視總裁，創造閱聽內容讓家庭凝聚在一起。也是因為這家公司，我才能這麼幸運有機會和她一起工作，擔任《小不點》這個節目的共同執行製作人。

在韓森公司中，赫莉了解到，透過電視節目，她變成幾十萬個孩子的媽媽。她創造的故事在年幼孩子的心裡激發出各種想法，幫助孩子們找到自己的熱情所在；闔家觀賞這些故事，創造了新的回憶。每集節目給家庭一個機會，為孩子開啟了新的世界。「也許你住的地方不靠海，但是觀賞了魚類的節目之後，突然想要知道更多。」

孩子有最豐富的想像力，一下子就能大量學習。赫莉覺得，為每一代幼兒設計新的電視節目非常有趣，對她來說，找到能夠觸動家中每個成員的故事，是個令人興奮的挑戰，而現在更是啟發大家更有勇氣也更有創意的最佳時刻。「我們一直鞭策自己發展出更精彩的故事，這實在很好玩！這裡有很多亮晶晶的事物、獨角獸的角，還有小精靈。」

韓森公司許多員工的小孩已經長大了，赫莉看著剛進公司時同事的寶寶，有的此時已高中畢業。公司裡有著很棒的文化，員工會把自己的家庭帶入創作和製作的經驗中。「我們想要測試某件事情，例如想知道青少年會不會喜歡布偶秀，在拍攝前置影片時會找自己的小孩來測試，孩子們是這個社群的一部分。」

赫莉做什麼事都把親職教養和孩子考慮進去，什麼是親子需要的？如何把這部分內容應用到節目中？「之前我做過一個節目，是關於我家男孩有多喜歡跳舞。我心想『哇，女生才能跳舞』這真是一個刻板印象，所以我們做了《動物亂彈》（*Animal Jam*）這個遊戲。我喜歡和我的大兒子一起看電視，這樣就能做點研究。」

為什麼赫莉會被吸引來製作我們的節目《小不點》，她說是因為這個節目能培養孩子在現代世界中做個聰明的數位公民，這是所有父母都掛心的事。「我發覺父母親都想要知道孩子們該如何在這個世界中生活。我們擔心的是將來，我們看到的是資源不足，未來有潛在的危險，那麼，怎麼樣讓孩子了解並且感同身受？怎麼樣讓孩子保持原有的純真，讓他們仍然處在適合他們年齡的環境？我們不需要打開孩子的眼睛，孩子的眼睛已經睜得大大的了。」

我特別感謝能夠和赫莉一起製作《小不點》，我們創作的這個案子裡有我的孩子，就好像我把自己的人生祕密偷渡進去了。這個得過獎的節目是根據我的原著《小不點》改編的，內容是一名很會使用科技的女孩與她的冒險經歷。寫作這本書時，我心裡想到的就是我的第一個孩子。後來為這本書做巡迴宣傳時，兒子就坐在我身邊，與我一起大聲唸故事，讓我的創作更充滿樂趣，也更有意義。

在這個電視節目的首映派對上，我的兩個兒子都成為媽咪工作的一部分。我上台講話時感謝了我大兒子一路陪伴小不點和我，我能夠感覺到他也與有榮焉。

現在我兩個兒子都會拿小不點來向外人說嘴，就好像她是平面世界中的妹妹一樣。而且他們說，我最新的童書作品《總統小姐》（*Missy President*）是他們目前最愛的書呢。

我兒子和我一起參加許多工作上的活動，包括拍攝廣告（耶！可以存到大學基金），我推出科技主題親子餐廳，蘇的科技廚房，他們也參一腳。我就喜歡這樣，看到自己的孩子因為你所做的事而感到光榮，真正了解到你在做些什麼，這種感覺無以倫比。我兒子的老師告訴我，在學校只要孩子們有機會選一本書，我的兩個男孩一定都會選《小不點》，而且會向全班說：「這是我媽媽寫的書！」這種感覺勝過一切。所以，赫莉，謝謝你！

有一件事也是我能體會到的，那就是，當你的工作和家庭如此無縫時，要分開兩者有時候會很困難。我兒子有時候會不想去蘇的科技廚房與我一起工作，他要的是和媽媽在一起。有時候是我有需求，我想要與成人對話，不想老是被這位九歲的小不點纏著、聽他說些什麼。我和赫莉笑著聊到，某些在兒童娛樂產業圈裡工作的人對工作太認真了，忘記要退後一步，微笑欣賞自己做出來的東西。所以，如果你屬於創造陪伴的獲利者，不管你用什麼方式，一定要記得，良性的區分是有必要的。

在兒童娛樂界中，有個像赫莉這樣的領導人物，讓我對這產業的未來懷抱無比希望。

以社群為家

家庭並不只是那些和你有同樣DNA的人，我們能夠經驗到家庭愛的型態很多，混合式家庭、移民家庭、領養家庭以及精神上的家庭，都是其中的例子。

有時候，某些傳統上的家庭情況有點複雜，環境並不健康，或是根本就不存在。因此，有些人會找一個社群來代替家庭的位置。許多人會在這種情況下轉向精神上或宗教上的社群。

威廉．凡德波羅曼（William Vanderbloemen）是凡德波羅曼搜尋團體（Vanderbloemen Search Group）的執行長及總裁，這是一個專門尋找牧師的企業，協助教會和相關團體建立堅強的團隊。宗教社群能夠填補那些尋找替代家庭者的需求嗎？威廉告訴我，有些宗教機構構的確替代了家庭的位置。

「人們會走進宗教機構有很多原因，有時候是孩子的活動、特殊的紀念日、遭逢大事，或是由朋友介紹邀請而來。不過，會留下來的人，幾乎都是因為在這裡發展出人際關係。」威廉曾與上千個宗教團體合作過，很多毫無關聯的一群人之間，比他看過的許多家庭更加親近。

記住，你所定義的家庭，不必一定是你的原生家庭，也可以是你創建的家庭，或是你投入其中、能夠支持你、與你的信念一致的社群。如果在傳統意義下的原生家庭無法得到滿足感，你可以試著尋找其他圈子，例如宗教或精神上的依歸，能夠填補缺口，以及提供歸屬感。

這也是威廉認可自己這份工作的原因。當他的工作責任是聘請一位牧師，他覺得這就像聘請一位家人，因為對社群裡許多人來說，這位領導者就是家人。「過去幾年來，我們花了很多時間和金錢嘗試學習，如何面試一位即將成為我們家人的人，只因為這份職缺需要這麼做。」即使威廉面對的宗教機構只是要聘請一個人的職位，但他發現最關鍵的是，要確認「這位家人」已經準備好以愛心和信念來服務這個社群。

我們都需要歸屬感

如何在專注事業的同時，還能當選年度最佳父母、甚至是年度最佳小孩？真希望我能給你超棒的建議。但是，做個完美的父母、女兒、姊姊，我還差得遠呢。最誠實的答案是，**當**

我選擇家庭的那一天，我會好好去做。我會打電話給媽媽來一場深談；我會用 FaceTime 和九十三歲的祖母視訊；我會把「與小孩在一起」排在第一順位；我會出席家人該到的場合，不僅人到，心也要到。但是我的事業也很忙碌，所以沒辦法每天都在三項目標中選擇家庭。我不是那種每天都能去接小孩放學，而且準時在六點把晚餐擺上桌的媽媽；我不是那種每週都會打電話問候兄弟姊妹的姊姊（反正每天都能在社交媒體上看到他們的一舉一動）。也許你的優先順序和我不一樣，那也完全可以！這就是為什麼我要寫這本書——我們全都有不同的優先順序，每個人怎麼做、為什麼那樣做、什麼時候做或怎麼做，我們不應該任意加以評判。只要有做，就好了。

就在上週，我兒子課後活動結束時我去接他。當課後活動的負責人說：「要接籃球課的請舉手。」大概有半數手舉起來；「要接西洋棋的請舉手。」另外一組人舉起手來。接下來是：「如果不記得你兒子是參加哪個課後活動，但是你來了，請舉手。」只有一隻手舉起來，就是我。

很多時候是充滿愧疚的，不過其他時候我也可以笑笑就過去了。我喜歡向人說，我是個專業科技人兼業餘媽媽，但是老實說，我完全不知道我在幹嘛。我做過的新創企業中，最困難又花最長時間的就是當媽媽，每一天都是新的創業轉折。

選擇或不選擇家庭，各人有各人的理由。事實上，「家庭」這個詞本身，對不同人的意義就是不一樣的。無論你是把原生家庭排在第一順位，還是環繞在你周圍的人組成的家庭，或是你建立的家庭，甚至是精神或社群意義上的家庭，我們對家庭這個字的定義都是不同的。十年後你希望家庭給你什麼，可能和你現在想從家庭得到的很不一樣。你知道嗎？這些都很好。如果你現在並沒有把家庭放在第一位，也不必覺得愧疚，不要讓任何人把他們的價值觀投射到你身上；如果你的優先順序是家庭，那也很棒，無論家庭在你的觀點中是什麼樣子。如果你正處在困難的時刻，因為人生拋給你一個令人措手不及的家庭狀況，你要知道，你並不孤單。所有人都會尋求歸屬感，因為只要是人類，都需要歸屬，互相屬於彼此，屬於我們的朋友、家庭，以及我們各自的文化、社會、國家及地球。

歸屬感是幸福快樂的關鍵基礎。一項刊登在《科學》（*Science*）雜誌的研究顯示，社會連結會強化我們的免疫系統，能夠加速從疾病中復原，甚至可能延長壽命[29]。覺得自己和別人連結比較強的人，緊張焦慮的程度比較低。所以，無論家庭對你而言意義是什麼，我們在這個課題上其實有很多共同點，可能比你想的還要多。

29 Stephanie L. Brown, et al., "Providing Social Support May Be More Bene cial an Receiving It" SAGE Journals, July 1, 2003. http://journals.sagepub.com/doi /abs/10.1111/1467-9280.14461

4 運動

目標、計畫，以及責任感，就是這些事物讓運動成為一種生活風格。

——東尼・霍頓（Tony Horton）

激勵演說家、運動與養生專家、P90X創作者

運動，對不同人來說有著不同的意義。我說的運動，是指任何與體能及情緒健康有關的一切。我為了跑馬拉松而訓練時，多次感受到體能和情緒這兩者是形影不離的。在大學的最後半年，我周遭的人似乎都已找好畢業後的去處了——應該是每一個人，除了我之外。我並非走一般人的職涯路徑：管理、顧問、投資銀行、醫學院或法學院。不，我不是要這些，我想在行銷或廣告界工作，這個圈子通常不會提早在幾個月前就招募人才。總之校園內的就業招募程序早在畢業之前很早就開始了，而我卻完全被冷落。大學最後一年是我人生中最有趣的時光之一，但還是免不了覺得茫然，到底未來會走向何方。高中時，前方的目標很

明確，只要我努力用功拿到好成績，盡可能進入最棒的大學就行了。然而一旦從大學畢業，未來就變成無限循環的渴望與不確定。

我開始瘋狂地四處找人脈，盡所有可能往行銷界丟履歷、申請工作，也打電話及發電子郵件給任何在廣告行銷界工作的哈佛校友。但是回音都是一樣：任何職缺都必須馬上就職。如果不能在兩週內上班，請在畢業之後再與我們聯繫。謝謝再聯絡。

為了擺脫這種夢魘，我決定，如果我真的是唯一一個還沒找到工作的哈佛應屆畢業生，那我就找出另一個讓我能夠努力而且自豪的目標。有一天晚上我和好友蘇珊喝著便宜的盒裝紅酒配泰國菜，之後我們兩人都決定去報名芝加哥馬拉松。

如果你從來沒有跑過步，那麼，馬拉松訓練聽起來好像是個有趣的挑戰。起初的訓練非常痛苦，簡直是人間煉獄。我根本沒有概念，跑將近二十九公里是怎麼一回事，腳趾甲掉了是怎麼一回事，或是跑到所謂的「撞牆」之後在路邊彎著身子直不起來是怎麼一回事。但既然設下了目標，我就會堅持到底。我很驚訝的是自己竟然快速進步了，隨著訓練里程增加，我愈來愈強壯。當時我二十一歲，突然覺得自己要有更高的目標，那就是被僱用與否。

芝加哥馬拉松是在十月上旬舉辦，因此我計劃在夏天展開訓練（而且，唉，還要回家和爸媽住）、參加馬拉松，然後專心找工作。但是，俗話說，計畫趕不上……奧美打來的電話。我被錄用了！我的天，我有工作了。不過呢，星期四畢業，星期一就要上班，不然這工作就飛了。

另外一頭，我的馬拉松訓練也進行了一陣子，已經來不及反悔了。我早就付了報名費，也買妥去芝加哥的票，而且我朋友蘇珊也要靠我。報名費無法退款就算了，但我不能就這樣丟下她。

所以，星期一還是去上班！

我打算兩件事都做。整整四個月，我每天五點鐘起床，跑步，坐一小時地鐵進曼哈頓，上班十幾個小時，再坐一小時火車回家和爸媽一起吃晚餐，然後倒在床上不省人事，隔天起床、沖澡、再重複一次。我完全累壞了，好想偷懶，但有一個馬拉松達人朋友對我說：「不行！訓練一天都不能少。就算只跑個一兩公里就回家，也好過什麼都不做。就算只少跑一天，接下來就很容易再少掉更多，最後你會完全跟不上。」所以我繼續逼迫自己，在一片黑暗中跑步、在雨中跑步、在氣溫高達三十二度的天氣中跑步，而且那個溼度高到感覺氣溫好像是三百二十度。有一次我嚴重脫水倒在路邊，沒有行動電話（那時候是二〇〇三年），距離我家還有好幾公里，除了跑回去沒有別的辦法，我是個意志堅定的女人無誤。

當時我的生活除了訓練，就是工作。雖然就在去芝加哥跑馬拉松之前，我開始和一個男人約會，也就是後來結婚的這一個，不過那是另一個故事了。終於到了跑馬拉松的那個週末，家人全都來為我加油打氣，身穿 RUN, RANDI, RUN（蘭蒂跑起來）的T恤站在路旁。那天芝加哥氣溫二十六度，是個絕對不適合跑四十二．一九五公里的天氣。蘇珊和我在手臂和腿上畫了身體彩繪，我們在起點線蓄勢待發——這是我對那場跑步最後的印象。我知道某人在九公里的地方大喊「快到了快到了」，我很想把此人眼睛挖出來。我記得很多人舉著「馬拉松跑者加油」的標語，同樣也有很多人舉著「芝加哥小熊隊加油」，這讓我覺得很好笑，我是在打棒球嗎？

我跑到三十公里時出現幻覺，跑到三十五公里時「撞牆」，害蘇珊得用數學把我拉回現實。「蘭蒂，二乘以二是多少？如果你答得出來，你就跑得下去！」最後，我終於在四小時二十九分跑完全程，得到一面獎牌、一件閃亮銀色披風，還有一瓶啤酒。

雖然我跑掉了一片腳趾甲，而且連續好幾天痛不欲生，但跑完那次馬拉松是我最自豪的成就之一。在訓練之前，我頂多只能跑大概六公里半。訓練帶給我的是毅力和紀律，並培養出足夠的心智強度可以做任何事，不管那件事有多難。而且，如果不是我的陪訓夥伴蘇珊，尤其是在最後那幾公里，我的運動（和人生）目標可能不會成真。每個人都需要一位教練！

東尼．霍頓（Tony Horton）是一位健身專家，最為人所知的是他的 P90X 運動錄影帶，這個系列的銷售數量已經超過七百萬捲，可以說是徹底翻轉了家庭室內運動。東尼的訓練客戶從影視名人到政治人物都有，他也是我在廣播節目裡訪問過最有趣的人（他說自己是「美國健身界的小丑」）。東尼充滿魅力與意志力，他本來的夢想是演藝事業，但卻轉了個彎，成為當代健身界最知名的人物。

東尼的事業起步並不是按照過去傳統的方式。當時他在洛杉磯的二十世紀福斯公司（20th Century Fox）只是名剛入行的電影幕後工作人員，並利用業餘時間開始當老闆的健身教練。然而沒多久，老闆就離不開他了。在口碑推薦之下，他接到了第一位名人客戶，已故的湯姆．佩蒂（Tom Petty）。東尼告訴我，湯姆．佩蒂打電話來說：「東尼，我就要進行巡迴演出了，我必須要保持體態。幫幫我吧！」東尼很快地為湯姆設計出一套訓練計畫，讓他能夠展現俐落身形。「我要他騎車、舉重。他照做了而且完成巡迴演唱，接下來我的電話就沒有停過了。」

運動優先的投入者

這樣的人總是會選擇運動這一項，而且得到家庭、朋友及社群的支持。

我記得有一天我向媽媽說：「我不要再練了，太辛苦了。」她說：「好，沒問題。那我們再試三個月，到時候再看你覺得怎麼樣。」現在已經過了十一年，我還在練。她很了解我，也知道萬一我放棄的話會有多失望，她是對的。我老是會想「如果怎樣的話」。若你周遭的人都希望你好，對於你達成目標是非常有幫助的。

——蘿瑞・赫南德茲（Laurie Hernandez）
奧林匹克體操金牌得主

蘿瑞・赫南德茲（Laurie Hernandez）十二歲時在美國體操經典賽少年組排名第十一。不出幾年她就在二〇一六年夏季奧運女子體操團體組贏得金牌，以及平衡木項目的銀牌。蘿瑞開始練習體操至今已經超過十年，她的眼光還是鎖定在金牌。

蘿瑞的成就包括克服膝蓋受傷（這讓她萌生退出的念頭），並且出版登上《紐約時報》暢銷榜的書《我做到了》（*I Got This*）。其實，為了自己的熱情所在，她做了更多犧牲。「我從三年級開始在家自學，沒去上公立學校，有時候我並不在乎，但有時候我會在乎。更有些時候，我希望自己能有多一點朋友。」

蘿瑞也必須犧牲睡眠，這是另一項珍貴的「選三」。運動員要成功，睡眠非常重要，但這一點卻是蘿瑞一直掙扎難解的課題。她四處奔波導致常有時差，缺乏睡眠幾乎成了事業的致命傷。「有一次我在平衡木上，那天太累了，但是我不敢講出來。我一心只想做好，不想小題大作，總之覺得開口說出來感覺會很糟。我記得那天我摔倒了，從平衡木旁邊掉下來，手腕骨折。經過好些教訓之後，我才開始能在疲累的時候說出來，但是事情會演變成這樣，一定是有原因的。」

大部分人從來沒有體驗過渾然忘我的感受，沒有體驗過追求特定目標以達到最偉大的成就。然而，拿到奧運金牌的蘿瑞卻有。她知道，做自己熱愛的事，那種愉悅感是無可取代的。她知道日子不會好過，會有起起伏伏，但是只要她撐住，做她一直想做的事，這種感覺最棒。她建議任何想要追求類似成就的人，一定要做你熱愛的事：如果你走的路並沒有帶給你快樂，那麼就不要害怕離開；但是如果真的想要有所成就，就要全心全意投入，不要給自己任何逃避的出口。

「我簡直想說『不要有備案』，因為如果有備案，那就表示你已經預備不要盡全力。」蘿瑞告訴我。「全力投入，心存希望。」

蘿瑞知道體能的訓練很辛苦，但是對她來說，心理上的適應才是最困難的挑戰。「我的腦袋一定很喜歡捉弄我，所以我必須確定照顧好自己，在外面也要記得，專注在自己要做的事情上，而不是去注意別人。」

蘿瑞是個完美主義者，就連媽媽也說她對自己太嚴格了，尤其是當天過得不太順利時。有時候蘿瑞得要提醒自己，還有很多很努力的體操選手還沒有達到她所獲得的成就。她必須轉換思考過程，才能保持思路清晰。她也會提醒自己多麼幸運能擁有家庭及周遭社群的支持，這些人鼓勵她並且做出犧牲，好讓她能夠達到頂尖，成為一名貨真價實的運動員。

至於接下來幾年蘿瑞要做什麼，她說自己主要會專注在工作、運動及家庭。未來重心可能會有一部分轉移到朋友，但是她的朋友大部分都是體操選手，而體操又是她的專業、她的家庭、她的人生，所以運動這一項，顯然是她每天都會選擇的領域。

蘿瑞非常努力朝向目標邁進。「這教會我如何處理自己的恐懼，如何嘗試新的技巧。我看某些他們要教給我們的動作，心想：『這合法嗎？這很像《星際大戰》裡才有的動作吧，這樣不好吧。』我年紀還小的時候會很害怕，怕到不敢試。但現在我知道，如果不去試的話，我會後悔。也許試了之後會一屁股跌倒，但如果不給它一個機會，我會更遺憾。」

我非常讚歎像蘿瑞這樣厲害的運動員，為了達到高難度的運動成就而做出犧牲。我們一般人可能無法拿到奧運金牌，但我們還是可以定下自己的運動目標，讓自己感受到幾乎一樣的自豪。

雖然二〇〇三年的芝加哥馬拉松是我唯一參加過的馬拉松，但那時的訓練讓我知道訂下每日小目標的重要性，它累積起來就會成為某種成就感及期許。你不可能什麼都不做而明天就能跑馬拉松，你必須每週訓練，逐漸累積跑步里程。從那時候開始，我就會設下每年年底之前要達到的大型運動目標，這種事看似非常困難，但當你把它切分成每天都能做的一小塊，其實就還滿能掌握的。

我曾經訂下的期許是每年要累計跑步一千哩，我已經達成這項挑戰兩次。光看一千這個數字好像超級誇張，但如果攤分到每一天，其實只有四公里，大約是二十到三十分鐘的跑步時間，這樣我就有把握了——只要能夠每天都做到。缺了一天就表示週末要跑九到十二公里，這就成為我一定要每天做到的動機。

我每天都會做記錄，看到里程數字漸漸增加讓我有成就感；這份成就感會延展到我的專業領域及人際關係。二〇一二年是我第一次設下這個目標，在那一年的十二月二十九日我跑滿了一千哩。第二次設下這個目標是二〇一六年，我在十月就完成了目標！於是就把目標重設為一千一百哩。如果每天都做一點，任何事都能做得到。

不一定要是專業運動員也能做個投入運動的人。例如我的好朋友伊莉莎白・威爾（Elizabeth Weil）一向把運動擺在第一位，完成了好幾場馬拉松、超級馬拉松、鐵人三項等你能說得出來的挑戰。她說運動是她人生中「沒有商量餘地」的項目，她甚至是在鐵人三項訓練時認識她的丈夫。我問她是否曾經暫停運動，她回答，有的，就是初次懷孕躺在床上休息那幾天。所以，當你缺乏動機運動時，只要想想伊莉莎白這位忙碌的科技業主管兼三個孩子的媽媽，每週都跑上好幾十公里——那麼，快把你的屁股從沙發上抬起來吧！

開始運動吧！

即使是運動優先的投入者也會想要進步！這有幾種起身運動的方法：

・訂下大型目標（然後制定達陣計畫）

大家都會在一月一日許下願望，大部分人沒有辦法達成。為自己訂下大型目標是好的，但是如果你不制定達陣計畫，那目標永遠不會實現。將目標分解成每天或每週做得到的行動方案。做到什麼就記錄下來，用手寫日誌或是手機應用程式都可以。試著找出潛在的障礙，當它免不了出現時，你就能做好準備。

・找人一起做

和某個人一起分享你的運動歷程，這樣你會更容易堅持下去。許多地方都提供活動方案或訓練營來協助你達成運動目標。

・定義你的動機

當事情變得困難時，更需要紀律來維持不偏離軌道並且繼續前進。若你非常清楚自己的動機，也就是為什麼想要達成這項目標，那麼你會更能夠專注而且有紀律。

・對願意聆聽的人大聲說出你的目標

想要跑半馬嗎？想學怎麼做引體向上嗎？想登上非洲最高峰吉力馬札羅山嗎？如果公開說出你的目標，這會讓你覺得有責任要做給大家看，那麼，你就會真的去做。

・飲食也很重要

讓你更健康的方式，有時候是徹底改變你的飲食。也許你每天都去健身房幾個小時，但是如果吃得不對，你可能永遠看不到成果。不過，改變飲食並沒有一個適合所有人的方法。找出對你而言奏效的計畫，看看改變飲食如何促進你實現目標。

放下運動的篩選者

這樣的人沒有固定選擇運動作為三項目標。

不運動最棒的地方在於，我不會覺得不去健身房有罪惡感。好幾年前我常常去健身房報到，不去還會有罪惡感；而現在的我，一點也不會想念運動健身。

——麗茲．沃爾弗（Liz Wolff）

療癒二手商店（Cure thrift shop）創辦人

麗茲．沃爾弗（Liz Wolff）完全在光譜另一端，她說自己是放下運動的篩選者，她想出這個說法是因為她極端厭惡運動。「我一直都很討厭運動，很討厭設計好的健身訓練。我就是不喜歡用傳統方式來運動，而且我不會把它當成生活中的優先事項。」麗茲並不是懶惰，也不是不健康，她有一個六歲男孩，並且是紐約市一家生意熱絡的零售商店擁有者及經營者。

麗茲就是找不出時間運動——她也知道這個理由太一般了。不過對她來說，她有時間做自己喜歡的運動已經至少三四年，她不會強迫自己加入健身房。「我住在曼哈頓，所以我每天都走好幾公里的路，不過我從來沒有真正去上什麼健身課、或是刻意做運動。」

決定做一個放下運動的人，這對她的生活並沒有任何影響。這一點與一般的看法不同，她飲食健康，而且在工作和家裡時身體都一直在活動。她並不會因為不去健身房而覺得有罪惡感，而且當她對別人說她不去健身房時，也不會覺得羞愧。「我並不會主動告訴別人我放下運動這件事，可是這是事實，我很坦誠。我不運動，除了幾位醫師之外，沒人有什麼反應。如果有人真的有什麼反應，我會覺得奇怪，不過我一點都不在乎。對我來說，就算不運動，還是有很多事情要做。」

麗茲說，把運動當作待辦清單上第一件事的人，對事物的輕重緩急看法不同，企圖心也不同。如果有人要（或不要）把運動當作第一優先，那是個人的選擇，她覺得她管不著。「只要你在其他方面是活躍的，而且飲食健康，我想那應該就不要緊。而且我覺得比起做個健身房的奴隸，生活裡還有很多其他層面。只要你是健康的，而且最重要的是你感覺良好，那麼就按照最適合你的方式吧。」

雖然我並不是要鼓吹每個人徹底拋棄運動，但是也許因為某些理由，你暫時必須如此。假如有一段時間你必須放下運動，或甚至你現在就是這種狀況，那麼你要試著訂出這段時間什麼時候會結束。如果看不到盡頭，那麼要提醒自己是什麼原因讓你放下運動，若是因為你不能控制的健康理由，那就允許自己去做你現在需要做的事，以利於恢復健康，未來能夠再度選擇運動。

我希望能說自己多年來已經不再焦慮身體的健美程度、體型、耐力等等，但我仍一直在掙扎。我對於我的身體，一直都處在強烈的愛恨情結中。我記得第一次在財經會議上發言時，我討論的主題是政治與社交媒體。事後在網路上讀到評論，人們談論的卻是「看她的手臂好肥啊，她是不是把士力架巧克力當飯吃？」這就是職場女性碰到的醜惡現實之一，你的外表會被拿來和工作表現一起檢視。我對於身體的愛恨情結，還要再加上兩次懷孕，保證一輩子都要付出代價。現在的我認為，如果要回到青少女時期被人說「肥」的那個體重，什麼價錢我都願意付。

不過，**健康不應該只是體重計上的數字，而是相信並呈現最棒的自己，擁有能量來全心面對你想專注的事物**。所以，發掘出我自己在日常生活中可以達到的運動小目標這件事，徹底改變了我的生活。如果我沒有鞭策自己做到，可能就是把運動刪掉太多了一點。幸好我每一天都為自己設定了必須做到的期許。

過去這一年我的大型目標是做四萬下波比跳。我知道，波比跳簡直像是要人命，但這是非常有效、短時間可以達到高強度運動的健身動作，而且很適合我這種經常出差旅行的人，不需要高檔的健身房或設備，只要一個長條形的小空間就可以，當然啦，最好地板是清理乾淨的。波比跳四萬次聽起來很狂，但還是老招，把它分攤到每一天，一天只要做一百下就好，那是十到十五分鐘的高強度運動，比一般建議的運動時間還要少。當你開始用這個角度思考時，每天的例行活動似乎就比較能夠做到了。而且我非常確定我不想混掉某一天，因為這樣隔天就要做兩百下，太可怕了！

健身大師東尼．霍頓也贊成我的作法，設定每年達成的大型目標，而不是短程目標。「我建議人們一定要針對弱點，才不會生厭、受傷，以及停滯不前。無聊得要死或膝蓋痛得要死，是最慘的狀況。你得改換另一種訓練方式才行。」

每天運動十五分鐘，或是慢跑二十五分鐘，可能不值得拿來說嘴，尤其是我們老被建議應該每天運動三十分鐘，一週至少五天。不過，當你可以說出「去年我跑了一千公里」或「二〇一七年我做了四萬個波比跳」，那感覺多威啊！若你達到一個運動新層次，那種自豪的感覺會促使你在人生其他層面上更精進。有能力把長遠目標拆解成有紀律的一小塊，對於你做任何事情都會有幫助，不管是個人或是專業層面。即使你沒有時間在「選三」中選擇運動，但是把這件事分成小目標，就能夠建立每天的運動習慣。

今年，我的目標是一年內舉重達到三百萬磅的重量，這要舉啞鈴舉很多次。祝我好運吧，我很需要！

愛你自己，以及你的身體

我吃得健康是因為我愛我自己，還是說，我愛我自己是因為我吃得健康？

——提姆．波爾（Tim Bauer）
勵志演說家

二〇一〇年十一月，體重超過正常體重九十公斤的提姆．波爾（Tim Bauer）終於下定決心減重，把他的人生找回來。他不久前才違反節食規定，就寢前覺得相當愧疚。隔天醒來他在Reddit[30]上看到一張照片，有個男人在減重，他減掉的重量剛好就是提姆應該減掉的重量，提姆被這張照片點醒了，決定出門去走一走，這是他多年來第一次這樣做。

「我一直走一直走，走到完全喘不過氣為止，停下來幾分鐘，然後又走回去。

30 「Reddit」是風行於美國的電子佈告欄網站，以分享新聞、網路議題，提供娛樂、社交功能為主。

回到家裡，我呼吸的樣子就像才剛爬到聖母峰頂端。後來我算了算，那次總共走了，呃，兩百一十二步。不過最重要的是：我沒有死，而且我覺得很棒。如果今天我沒死，那麼再做一次，可能也不會死。」

提姆決定減重之前，他的狀況慘到極點。他放棄了人生，這是他會病態性肥胖的主要原因。人生中每個層面都跌落谷底：婚姻破裂、找不到工作，而且在精神上也形同破產。提姆的成長過程是個鑰匙兒，食物就是他的慰藉。因為雙親都在餐飲業工作，所以不管家裡狀況是好是壞，總是不缺食物。多力多滋玉米片是提姆最好的朋友，一盒又一盒冰淇淋則是他高中時的女朋友。

在提姆的家族裡，每個超過三十五歲的男性都經歷過心臟病發，提姆似乎也會走上這條路。他告訴我，在他體重最重時，經常覺得胸痛。後來他才知道那是胃食道逆流，但是當時他驚嚇不已。每次感覺到胸口附近有什麼異樣，他會立刻認為自己是心臟病發作，就像所有親戚那樣。不只是這樣，他還有糖尿病的風險，而且膽固醇指數很高。每次去看醫生就像被送去校長室責罵一樣，因為逃學一整年所以成績單實在太難看。

他很容易把對自己的失望與體重連結在一起。他因為自己完全失控而感到很糟，這種感覺讓他陷入羞愧的漩渦中，讓他做出有礙健康的決定，而這又會讓他更加悲慘。提姆似乎是束手無策了。不過，那天他出門走路，改變了每一件事。那一刻，他做了一個小小的決定，就是要照顧自己，愛自己，看重自己，允許自己擁有快樂。這項小小的決定轉成動機，動機再變成行動，行動轉變成自愛。

改變的主要動機，來自提姆的最終決定，不要再過這種沒有盡情活著的人生。過去他曾經試過要減重，不久之後就意興闌珊，但這次他的目標只是一次一公斤，只要減掉那一公斤就會鼓勵自己。「我最後減掉一百零一個一公斤，花了一年多一點的時間。後來再把鬆弛皮膚去除掉，又少了十一公斤。」

減重最挑戰的地方在於出席社交場合。提姆在過節之前開始減重，他啟程回家前先打電話回去，家人很開心，也讓他帶事先準備好的食物。「最後每個人都完全支持我，不過我真的沒辦法忍住，初期就破功了。對我來說，吃東西就像一個癮頭，我沒辦法節制。」

現在提姆看到鏡中的自己，他還是認不出那個人是誰。他非常驚訝女性會注意到他，雖然他覺得自己還是原來的自己。從減重前就認識的好友告訴他，其實他除了外表之外一點都沒有改變。「有時候我還是注意到自己的行為就像一個病態肥胖的人，每當我需要穿過一個擠滿人的房間時，我會冒冷汗，照片裡的我總是把手臂遮起來（以前重達一百九十幾公斤時，我會把肚子遮起來），而且我還是沒來由地害怕飛機上的座椅。」

提姆控制體重成功，轉向到工作表現也成功。體重減輕之後，提姆的公司營收成長幾乎達到百分之百，他歸功於精力增加，而且人們對待他的態度也有所不同。「我現在這個身體講出來的話讓他們比較聽得進去，而且也比較會真的把我當一回事。我在這世上最好的朋友每一天都和我說，他喜歡的我依舊是同一個人，不論是不到九十公斤重的我，還是以前重達一百九十幾公斤的我。這一點我很自豪。」

雖然提姆把改變歸功於外表，但容我插嘴一句，可能是因為他的舉止表現，也就是他的自信，影響到其他人怎麼對待他。當你把自己當垃圾對待，那麼別人也這麼做應該就不意外了；但當你好好對待自己，相信自己有價值、相信自己的存在是有更崇高的目的，那麼別人也會那樣對待你。

從來沒人對提姆說過，這件最重要的事就發生在他減重的前兩週。當時有個朋友發現提姆正在嘗試減重，便從旁協助提姆了解遵循計畫的結果，朋友向提姆解釋，到下一個感恩節之前，如果他能持續每週減掉一公斤，到時候體重可能只有五十公斤了。「這是第一次有人看著我的眼睛對我說：『我相信你。』所以，如果要我給建議的話，我第一個一定會說，找個為你加油打氣的啦啦隊吧！」換句話說，你的周圍要有支持者，而不是縱容你的人。如果當前的朋友不能夠讓你向上提升、協助你達成目標，那就找另外一群能夠這麼做的人。而這些「其他人」也可以是廣播、影片或是書。提姆承認：「一些對我而言最重要的減重倡導人，是我從來沒有見過面的作家或講者。」

提姆發現，無論是減重還是職涯，我們很容易被目標大小給壓垮。「就像我要我女兒整理房間，她們看到這個角落有一堆衣服、那個角落有一疊寶可夢卡牌、另一個角落有玩具，於是就雙手一攤說：『太多啦！要從哪裡開始收呀？』我慢慢引誘她們：『那我們就從那雙襪子開始收，再來把那些褲子掛起來，然後再把那些遊戲卡……』不用多久，房間看起來就清爽多了！」

提姆最大的蛻變在於他能夠和女兒這麼親近，親近不只是比喻上的，實際上也是，現在他的女兒可以坐在他腿上，不會被他凸出來的肚子卡住。他擁抱女兒時，她們張開雙臂就能完全抱住爸爸。他可以帶女兒去公園奔跑玩耍，不用擔心他的膝蓋痛或背痛。「透過愛我自己，我教她們也要愛自己，我也學到怎麼真正地愛她們。」

當我問提姆他現在是否快樂，他說從來沒有像現在這麼快樂過。如果你讀這本書是因為你需要激勵，讓你自己能再多運動一點，那麼提姆的建議是，好好照顧自己，但是不要把你的快樂和自我價值和體重計上的數字綁在一起。不要掉進這個說法的陷阱：「只要我能減掉二十公斤重，我就會快樂。」過程和結果都一樣要快樂，而且允許自己有反彈期。提姆承認：「我並不完美，我也知道自己永遠不會完美，但是我接受自己。我對自己犯的錯誤有耐心，也因為這樣，我一直都沒有超出我的目標體重兩公斤上下。」

去年我為百老匯關懷活動（Broadway Cares）募款，這是一個慈善組織，為罹患疾病，例如愛滋病的百老匯演員補上醫療支出的財務缺口。我想辦法說服了兩位很厲害的健身教練，布萊恩．派崔克．墨菲（Brian Patrick Murphy）及麥可．立提格（Michael Littig）與我一起在馬克費雪健身中心（Mark Fisher Fitness）用臉書直播做三百下波比跳。這家健身中心是我見過最棒的，獨角獸道具服、核心健身課程、百老匯表演音樂，我猜很快就會再加入其他元素。我們頭戴髮帶，腳穿及膝襪，還穿上印著Never Mess With A Girl Who Does Burpees For Fun（絕對不要惹到只為了好玩而做波比跳的女生）的上衣。我承認，超累，而且還是直播，但是我們在四十五分鐘內奮力做了三百二十五下波比跳！收看直播的觀眾是讓我們有動力繼續做下去的原因，不過後來我連續兩天都必須請假，因為屁股實在太痛了。

我在高中時是擊劍校隊的隊長。很狂吧？不過我承認，加入擊劍校隊是因為那充滿了戲劇性。每個莎士比亞劇裡的演員都要持劍互砍，所以我對這項運動特別有好感。第二，擊劍校隊在我高二時才剛剛成立，所以每個人都是新手，我不用趕上擊劍老手的進度，就可以加入這個社團。

在擊劍方面，身為左撇子的我有一個祕密優勢，那就是：練習時的對象大多數是右撇子，所以我學的是怎麼和右撇子對打，但當我和右撇子的對手進行比賽時，他們不知道如何對付我這個如鏡中影像的人物，因為他們練習時也多半是和同樣右撇子的人對打。所以我很快就爬到前幾名，在比賽中過關斬將，最後一年時成為擊劍隊長。

身為右撇子拿你沒轍的左撇子擊劍選手，唯一的缺點是什麼呢？就是會被刺傷。我身上到處都是瘀青，手肘內側、脖子、腿，有時候誇張到明明天氣不冷還得穿長袖！擊劍裝備能夠包覆你的臉和軀幹，但是還是抵擋不住慌亂的右撇子不斷揮過來的堅硬金屬劍。

不過，我這麼一點瘀青（好啦不只一點），和某些摧毀性的運動傷害比起來簡直是小巫見大巫，運動傷害是某些專業運動員必須克服的挑戰。

太忙沒有時間運動嗎？試試這些快速方法

有時因為太忙而沒有時間選擇運動作為三項目標之一。還好，運動不是個零和遊戲。這裡有幾個方法，讓你在沒有太多時間之下也能選擇運動：

・五分鐘超強運動法

誰說五分鐘不能做什麼運動？他們一定沒試過我的挑戰：五分鐘做五十下波比跳。高強度間歇訓練（HIIT）現在非常受歡迎，有上千支 YouTube 影片、健身應用程式及訓練課程，都可以讓你在短時間內做點運動。

・一次做兩件事

要講電話嗎？那就一邊走路一邊講。這裡走一會兒、那裡走一會兒，累積起來的運動量會讓你驚訝。

・設定晨間作息

幾個瑜伽動作，或是六十秒棒式，可以啟動所有早上必做的例行公事。

・把錢放在身材上

報名運動課程、和教練約時間、買一套新的健身服裝。把錢投資在你不想浪費掉的地方。

・排入明天行程

別再鞭笞自己了，就排入明天的行程吧！「選三哲學」的美妙之處就在這裡，每天你都可以改變選擇的內容。

克服困難的革新者

想要選擇運動的人，但因為無預警的人生意外事件，可能是受傷或其他因素，以致於他們必須重新打造所想要的運動模式。

每次聽到「被困在輪椅上」這個通俗的說法都讓我作嘔。我，還有其他很多坐輪椅的人並不覺得受困，而是把輪椅當作一種幫助我們成功的工具。

——亞隆・「WHEELZ」・佛林漢（Aaron"wheelz" Fotheringham）

輪椅競技賽冠軍

世界上有許多啟發人心的運動員，相較之下我們這些人的挫敗受傷或是達不到目標顯得像小菜一碟。這樣的例子多得驚人。就拿亞隆．佛林漢（Aaron Fotheringham）來說，人稱「WHEELZ」的他，出生就罹患脊柱裂，這種脊髓缺陷造成他的雙腿無法活動，但是亞倫決意要讓它動起來。亞倫很早就知道他有點與眾不同，不過這也不是壞事。他覺得自己有別人沒有的優勢。朋友們在大街小巷騎腳踏車時，他會把拐杖丟掉，改用輪椅，這樣才能跟上。「反正我就是會盡量做到別的小孩也在做的事。」亞倫說。

亞倫還記得，與兄弟和爸爸第一次去滑板場，他通常只是坐在圍籬後面看而已，但是家人鼓動他用輪椅在斜坡上試試看。「那還滿慘烈的！剛開始幾次在滑板坡道上摔倒，我整個臉朝下撲倒還扭到手腕。我想，跌倒之後我還繼續試的原因是，我明白到那其實沒有我想像中那麼糟糕。也大概是從那時開始，我的腎上腺素就占了上風，我一心只想成功著陸！」

他真的成功著陸了，從那之後一路以來，亞倫贏了好幾項輪椅競技比賽，甚至還曾經參加幾次花式極限單車（BMX）比賽拿到金牌。他的輪椅競技技術進步非常多，甚至可以用輪椅做出兩次後空翻，這讓他有機會和挑戰極限的運動團體一起表演。除了用輪椅衝下一座大滑坡，並凌空跨越十五公尺的間隙之後著陸這樣的成就之外，亞倫特別自豪的重大成就還有一項，那就是幫助別人（特別是小孩）了解到輪椅可以是帶來樂趣的東西，而不是限制自己的醫療器材。他說：「其實一切都看你怎麼看待你的輪椅或『限制』。我一向都說我並沒有因脊柱裂而受苦，而是它因為我而受苦。」

亞倫在中學時開始有了這個綽號「WHEELZ」，因為他老是在走廊上呼嘯而過，而且還跳著下樓梯。同學們開始叫他「輪仔」。「人們對輪椅最大的誤解是，把它當作一個監獄，」亞倫說：「不要讓恐懼主導你的想像力。站在斜坡頂端一定會害怕，但是你必須想像自己成功，保持正面。我覺得這個方式也能應用在每個崇高遠大或令人害怕的目標上。」對任何產業、事業或是生活方式，這個建議都非常受用，不管是不是大斜坡。

雖然亞倫已經贏得許多榮譽，但他的輪椅技術尚未達到他想要的境界。目前他正在練習一些新技巧，例如兩次前空翻。至於輪椅競技比賽，亞倫致力於協助它成長，鼓勵全世界的人用輪椅在滑板場裡好好地玩。當然，請戴安全帽和護具（我是兩個男孩的媽媽無誤）。

當你要嘗試新事物時，恐懼經常是我們最大的敵人。無論是開創自己的新事業、去面試、寄出履歷，或是用輪椅做兩次後空翻，恐懼都會是那唯一讓我們裹足不前的原因。或者說，是恐懼導致我們失敗，因為我們在最後的決定關頭之前遲疑了，所以就整個人往前摔。

我記得剛開始創業時有多恐懼，很擔心我做的是錯誤的決定。恐懼告訴我：我不夠好、我不夠聰明、我很多方面不夠去開創自己的事業。恐懼讓我裹足不前，讓我質疑自己的才能，並傷害到我當老闆之初的幾個重要決定。但就像亞倫所說，一旦我理解所有的失敗根本就不會像恐懼告訴我的那樣，那麼我就會拍拍灰塵，然後去做我自己的後空翻兩圈。

現在，我遵照我的「選三哲學」，把事情做好，恐懼就不再是生命中很大的一部分了。事實上，恐懼甚至連配角都算不上，比較像幕後片花。當你只能選三項時，你沒有空間和時間可以浪費在「選擇恐懼」。就像亞倫說的，當你想像自己成功而且保持正向，你就可以完成你的目標，無論目標是什麼。

不過，有時候我們的目標並不是用輪椅凌空跨越十五公尺的間隙，或是跑完一場馬拉松，甚至是早上醒來就去小慢跑一下。有時候我們的目標和自己一點關係都沒有。那些時候我們選擇運動是為了支持所愛的人做的選擇。

不是為自己運動的超級英雄

這樣的人投入運動，是為了支持所愛的人。

我知道，史考特年紀大一點之後，他的機會就不多了，所以我們必須專注在他的事業上。等他不再從事跑步競賽時，到時候我們可以多放一些重心在我的事業上。

——珍妮．傑瑞克（Jenny Jurek）

教練，超馬選手史考特．傑瑞克（Scott Jurek）的妻子珍妮．傑瑞克（Jenny Jurek）是設計公司 Rain or Shine 的創辦人及首席設計師，這是一個戶外服裝品牌。她同時也是丈夫史考特．傑瑞克（Scott Jurek）的馬拉松事業團隊總監與專業超馬教練。

史考特．傑瑞克於二〇一五年打破阿帕拉契越野賽的紀錄，以四十六天八小時又七分鐘，完成了三千四百八十九．一公里的路線，一路伴隨的是妻子的全力支持。珍妮是在自己的跑步事業中遇見史考特，當時她才剛剛開始在西雅圖跑步，兩人在同一個跑步團體中當朋友長達八年，然後才開始約會。「到了二〇〇八年我們在一起時，我是個渴望成功的跑者，已經跑過許多場超馬，其中包括一次一百六十公里的競賽。」

當史考特參加像阿帕拉契越野賽這種需要很多天的長途比賽時，珍妮的工作就是每天在各個不同的補給站間移動，與他碰面、給予支持。見面時她會幫他裝滿水壺、補充能量食物、更換服裝和配備、給他吃一頓餐點、還要打果汁給他喝等等。待他回到越野路徑上，她就去幫汽車加油、採買食品，然後上路到下一個碰面點。晚上，她要做飯、為他檢查有沒有被蝨子咬傷、研究地圖、計畫隔天的休息處。「我們是一個團隊。日常生活中他支持我很多，我也很高興能支持他的目標。這絕對是雙向的，當他不跑步時，也總是協助我追求我的夢想。我們之間有很多共同的熱情，所以為他加油打氣一直都是很有趣的旅程。」

當然，珍妮也有自己的目標。在開始跑步之前她就已經是個熱切的攀岩者。她還是懷抱著攀岩雄心及跑步目標，這些都沒變。史考特總是支持她的夢想，而且他們也一起進行一些攀岩大計。

珍妮還有自己的服裝設計事業。除了自己的公司之外，她也是許多戶外用品公司的運動服飾與用品設計師，她可以結合工作及生活方式，同時協助史考特。「其實就是必須互相配合行程計畫。當我協助史考特時，還是可以維持我的自我認同。他也非常尊重我的個人成長，我們為彼此付出時間。」

不過，就算你沒有跑個幾百公里或打破金氏世界紀錄，**運動也很可以用來維繫與支持你所愛的人**。也許你為家人參加的五公里路跑活動加油打氣，也許是看你的六歲兒子在跆拳道比賽裡晉級，也許還包括支持一個朋友參加的代表隊或大學聯賽等級的運動賽事，或是你在一段新戀情中建立運動習慣，這一點對於未來的你而言會很重要。

假如你也可以加入他們的話，那就更好了，你知道的，我總是喜歡一次把「選三」裡的其中兩件結合起來。不論是走路、跑步或報名運動課程，例如高爾夫球、滑雪、網球，和所愛的人一起運動健身，既健康又能創造回憶，選擇運動的同時又兼顧家庭，一舉兩得。

當我選擇運動、把健康放在優先名單上時，我對自己的身體及運動成就感到愉快，這樣會讓我把每件事都做得更好，成為更好的媽媽、更好的伴侶、更好的老闆、更好的朋友，在專業上也會表現更出色。不過，就和人生中大部分的事情一樣，你必須了解自己的運動能力。對我來說，我知道設定大型目標再把它分解成小目標來做，會讓我獲得最大的成功；我也知道，邀請別人加入讓我更有身負重任的感覺，這逼迫我把運動當作第一順位，即使生活中的每一件事都想把運動擠去後面。

好消息是，就算周遭沒有人可以督促你，但是科技可以協助你。市面上有許多有用、有趣、甚至有點搞笑的健康記錄穿戴裝置、運動應用程式及設備，幫助我們維持動機、記錄進展，並讓我們繼續為這個任務努力。我個人發現戴上 Fitbit 真的會更有動力去走路。有一次，我的累積步數達九千步時，正好需要出去參加一個活動，我兒子自告奮勇戴上我的 Fitbit，在我們的公寓裡繞圈圈走到計數達一萬步，只為了一個賞金一美元的達標任務。當然啦，這不是計步器的設計初衷，但是這事很可愛。而且，說不定幫助別人達到運動目標會是一門不錯的生意唷！幸運的是，住在紐約市沒有車，就等於是在你的生活裡安裝一台計步器一樣。

除了 Fitbit 可以督促我之外，我也很幸運能夠加入我最愛的運動品牌，馬克費雪健身中心的一位教練旗下。

創造運動信念的獲利者

某些人目前的事業及任務是為運動創造產品。

我們由衷相信，也已經建立並且持續創造「社群」。

——布萊恩・派崔克・墨菲（Brian Patrick Murphy）
馬克費雪健身中心（Mark Fisher Fitness）教練

如果你記得我之前提過的波比跳目標，應該就會想起我的第一次波比跳訓練，我提到一個超棒的健身中心。現在有很多敦促運動的捷徑——健身房、個人健身教練、運動課程、運動服裝等等，但是我必須說，馬克費雪健身中心是這個產業中我看過最好玩、最獨特的地方。它們用道具服、撒彩色紙片、撒金粉、熱歌勁舞，伴隨著顧客認真地完成運動目標，馬克費雪健身中心已經成為我及很多紐約人生活中，不可或缺的一部分。

布萊恩・派崔克・墨菲，是馬克費雪的健身教練及業務經理，他還自稱是「信念部長」，我跟著他做健身訓練已經一年多了。布萊恩和我一起減掉了不少體重，也做了很多、多到不合法的波比跳，不過我們也時常歡笑一籮筐。我問布萊恩是否能為我們定義出馬克費雪健身中心為什麼會這麼特別，無論是作為運動服務或是工作場所；還有，這樣的特色是如何造就它的成功。

布萊恩告訴我，馬克費雪健身中心這麼與眾不同，是因為它帶起的的運動社群。「運動社群絕對是現在運動產業裡正夯的字眼及潮流，而我們就是這股運動的先驅。」

並不是很多健身房可以把運動社群當作賣點。想想你最後一次去健身房運動，你和幾個人打了招呼？多少人知道你的名字？而在馬克費雪健身中心，每個人都認識彼此，為對方加油打氣（甚至會撒金粉），所以動機是來自一個團結的地方。事實上，開始做每個訓練動作之前，健身房裡所有人都會回答一個問題，這立刻就產出連結感、友誼，以及團隊精神的感覺。

布萊恩完全實踐馬克費雪健身中心的標語：「瘋狂搞笑的一群人，無比認真地健身。」常常可以看到他從頭到腳穿著一身粉紅出現在健身房，鼓勵大家去達成作夢也想不到的運動目標。他說，團隊合作及成果若不是因為有一項要素，就不可能達成，這是常常不被提及的要素：無限的心力。「我相信這是讓我們這個社群獨一無二的原因。我們並不完美，但我們擁有無限的心力，我們的『忍者』真的感受到它，並且相信它。」

你會問，「忍者」是什麼東西啊？有些健身房稱呼客戶為顧客，有些會稱之為使用者，馬克費雪健身中心則是稱他們為忍者，這樣就更添趣味及社群感了。布萊恩對我洩漏一個小祕密：忍者已經成為馬克費雪健身中心最棒的行銷策略。「這是個超讚的體驗，還有，大家會感覺到自己是這個社群的一份子，這是目前為止我們最有效的行銷策略，也已經建立起口碑了。」

不要忘記這些健康領域

我知道我花了很多時間在運動，不過健康不限於身體，而是包含身心靈與良好生活的各個層面，所以別忘記這些重要的面向也要保持健康：

- **精神層面**

感覺能連結到某個比自己更大的事物，是健康與良好生活的關鍵。

- **觀照靜心**

許多成功的企業高層每天都會靜坐、觀照靜心或做深呼吸練習。有一個心靈出口對壓力管理是很有幫助的，受益的範圍會比你想像的還要多。

▪ **營養**

記得，身體是你唯一的實體之家。若你的身體沒有獲得適當滋養，就無法達到健康及快樂的高峰。

▪ **敏銳度**

保持頭腦清醒敏銳、心智能夠接收新的刺激。如果你的工作內容重複性高，或是到了某個年紀經常忘東忘西、心不在焉，那麼你可以找一些活動、應用程式及遊戲，讓你的心智保持敏銳。

▪ **感激的心**

寫幾句感謝的話，或是在晚餐時間讓家人輪流說自己感激什麼，或是花三十秒鐘讓自己心存感謝。這樣做的回報是難以計數的。（我感謝你在讀我的書！）

在馬克費雪健身中心，成功取決於你讓自己周圍環繞著什麼樣的人。由於它們的職員和忍者們都很出色，透過運動改變生命就變得令人上癮。「我最喜歡我的工作之一是，看著人們的生命轉變。我每天都在推銷會員以及訓練忍者，我見多了。我看到人們剛進來時很害怕，這是可以理解的；而隨後他們的生命會發生變化。我非常榮幸能一路上伴隨著從第一天開始的整個轉化旅程，每天我都會收到忍者寄來的感謝卡片及電子郵件，因為這些人的生命改變，甚至得救了。」你看看，有多少健身中心能說它們是這樣在對待會員的？

馬克費雪健身中心鼓勵道具服、披風、頭戴獨角獸的角、震天價響的音樂、彩虹、金粉及霓虹燈，但是，布萊恩說，人們對這個健身中心最大的誤解是它太過搞笑。「我們的健身方法是難以置信的嚴謹認真，而且致力於坊間最先進的運動及營養學。我們的健身團隊非常傑出，成果是更進一步的。」

我很好奇，因為運動這個領域是結合內在健康和外在體態，那麼，成功的運動達人會不會有保持體態及外表亮眼的壓力呢？我請教布萊恩他每天都必須選擇健身的原因，是否不只因為這是他的工作，也因為我們都有走下坡的時候。他說，他感覺到的壓力主要來自於自己。「我最大的價值是做一個領導者。我相信做領導最重要的第一步就是成為大家的表率。不管我看起來如何，或是我究竟能舉到多重、跑得多快。我的領導力來自於言行一致，每週每月每年不間斷地維持下去。」

布萊恩也會對別人說，「超棒體態」有著不同的意義。「我相信，對很多健身專業人士來說，我的體型不是無懈可擊。但是，對很多一般大眾來說，我看起來可能是他們認為『無法達到的體態』。」

對布萊恩來說，是否因為身在這個產業而有了體態壓力，真正的答案可以說是，也可以說不是。「如果我明天就離開健身產業，我還是會督促自己去做現在做的事。」布萊恩認為不需要和年輕一輩的明日之星競爭。他並不擔心同事比他更強壯、肌肉更結實。他的壓力與督促來自於自己，他想盡力呈現出最棒的布萊恩。**「怎麼面對每件事，就怎麼面對任何事。**我要讓自己在任何領域都有更高的標準。」

就像東尼．霍頓說的：「你的目標是，人生要做到更好更棒，無論邁向三十幾歲、四十幾歲、五十幾歲以及之後，都感覺過得更好。」

選擇健身，不只是上健身房而已

克勞蒂亞．克里斯欽（Claudia Christian）最為人所知的可能是她飾演科幻電視影集《巴比倫五號》（*Babylon 5*）中的指揮官蘇珊．伊凡諾瓦，不過她現在的主要工作是講述酗酒問題及如何治療。她在《巴比倫機密檔案》（*Babylon Confidential*）書中揭露，三十七歲至四十四歲之間，她經歷了酗酒，並且為了持續演藝事業而感受到維持外表的壓力。「當時我其實希望有工作，因為在拍片時及拍片前我可以克制自己不要喝酒，所以我想如果有工作的話，就能夠維持清醒。不幸的是，成癮問題會耗損精力，讓人沒有安全感，覺得沮喪，所以我並沒有一直接到工作。我靠房地產裝修買賣來讓自己有事做，這是一個展現創意的絕佳出口，也得身體力行，但是喝酒讓我胖了不少。」

在克勞蒂亞的人生中，其中一個最受到羞辱的時刻是，她的經紀人要她減肥，過去在她專業生涯中從來沒有發生過這種事。「我開始練拳擊及皮拉提斯，而且做很多有氧運動，但是做這些活動之前有時會喝酒。表面上做的都是看起來很健康的事，實際上並非如此。」

運動一直都是克勞蒂亞人生中排在優先的項目。她一週會做五到六次一小時的有氧運動，也會舉重、做瑜珈及仰臥起坐等等。「我爸爸現在八十四歲了，他每天早上還是會去打網球，帶狗走上好幾公里的路，我媽媽做皮拉提斯和游泳，爸媽兩人都是很棒的模範，並且證明了保持正向有活力會在各個方面影響你的人生。保持活力對我來說一直都很重要。我相信這樣能夠讓身體的腦內啡濃度維持在健康狀態，並且能釋放壓力、焦慮及其他有害物質。」

克勞蒂亞曾是個狂喝濫飲的人，所以她大部分時間都花在保持身材、維持健康及清醒，然後，每過四到六個月她就會「遁入」酒國世界中。「我的狀況惡化，要花比較長的時間才能恢復。我現在很平靜，而且也原諒自己了，不過當時非常愧疚於我把自己的身體搞得這麼糟。現在我每天感謝上帝讓我健康又強壯，即使過去曾經病得那麼嚴重。」

二〇一〇年，克勞蒂亞很開心能夠以成癮者的身份「走出來」。她得到許多粉絲支持，讓她感覺到愛與接納。「類型影迷（科幻迷）是很棒的一群人。他們因為同樣喜愛這些類型的電視劇及電影而擁抱彼此、支持彼此，也喜愛與接納演出他們最愛角色的演員。我在《巴比倫五號》裡飾演一名英雄人物，所以極不情願承認我錯了，但最後我還是坦白走出來，至少可以說，我自由了。」

「我們愈是把個人的沈重負擔分享出來，別人就愈容易也這麼做。羞愧及汙名不應該存在。酗酒是大腦的失調症。沒有人是手裡拿起一杯酒、心裡希望變成酒的奴隸。因為這狀況是漸進的，年復一年，甚至持續幾十年地將你吞噬。我在感覺到事情不對勁之前的二十年，飲酒量安全而有節制，所以這不是一件你可以計劃的事情。

「我想對大家說，如果你認識有誰是成癮者，請你要有愛心與同情心。你用一件對方不能控制的事來批評這個人，就像是你去批評別人罹癌、天生缺陷或心理疾病一樣。說話前要三思，如果你並沒有什麼有助益或關懷的話要說，那就什麼都不要說。一字一句都可能非常傷人，像『軟弱』、『懶惰』、『不道德』、『酒鬼』、『喝趴了』、『酗酒』等等，對一個已經在地獄谷底的人，這些字眼的殺傷力很大。我已經原諒那些對我說難聽話或惡意批評我的人，也不再掛在社交媒體上，因為那上面的訊息充滿仇恨。

「諷刺的是，你會看到有些人打著基於信仰或向上提升的名號，吐出來的字眼卻是對我的誹謗，就因為我選擇了科學認證的方法來治療成癮問題，而不是用所謂『傳統』的方式。有些人看過我的 TED 演講之後批評我的外表，把外表和我想傳達的訊息混為一談。讀這些評論很浪費時間，我們應該繼續自己的信念及信仰，不要理會這些惡意的人。他們來自一個缺乏資訊而且明顯沒有學習意願的地方。仇恨到處都有，但是幸好，愛也是無所不在。」

更健康的生活

運動不只是穿上運動鞋、去健身房、跑一場超馬，或是贏一面金牌。運動橫跨了健康的所有面向——心智、身體、以及情緒。我們說要選擇運動這一項，我指的是你的健康及良好生活的所有面向。有些包含流汗，但很多部分沒有。

如果你覺得把運動這一項排入優先順序，你已經做得不錯了，那就要確定有照顧到運動的所有面向，並問問自己有沒有漏掉什麼。也許你是個每天都去健身房報到的厲害角色，但是可能在情緒上卻非常不快樂。也或者你覺得自己算是快樂，但是需要提醒自己更能關照靜心，更能專注活在當下。

那麼，如果你想要更常選擇運動呢？歡迎加入我的行列。我是說真的，我們很容易就把工作和生命中的其他人排在我們的優先順位，卻忘記把自己放到優先順位。所以，第一步就是要放過自己。拿出一本日誌，寫下一些期許，打電話給朋友，督促自己要投資在自己身上，並把照顧自己當作第一要務。若你目前一週選擇運動一次，那麼就訂下目標，一週選擇運動三次，無論這個運動的意義是去健身房、去看心理諮商，或在室內某個角落靜坐冥想。

你值得一個更好、更健康、更澄淨的生活。在這個星球上我們只能活一次，所以，無論你是感到疲憊不堪、不健康、受傷或是沒有動力，永遠都要知道，改變的力量來自內心。

5 朋友

如果有人覺得寂寞，無論成敗得失都找不到人一起分享，那麼就表示，應該要花多一點時間來培養友誼了。

——依琳．列文（Irene S. Levine）博士
精神科教授、友誼專家

接下來我要對你非常坦白：到目前為止，這一節對我來說是最困難的。雖然以社交媒體的角度來看，我擁有很多「朋友」，但在我生命中真正親近而且花許多時間交往的朋友，可是少得多了。

會變成這樣，部分原因是我很喜歡把時間花在和家人相處上，我的另一半是我在這個地球上最要好的朋友；我也喜愛工作上的夥伴，畢竟他們是我選擇要僱用或一起合夥的人。然而大部分原因是，一天之內確實沒有足夠時間能選擇每一樣事情，真的很緊迫時，我就是沒有辦法投入在選擇朋友這一項。也許將來等我年紀大一點、家裡沒有幼子的時候，這一點

會有所改變吧，又或許我要把工作的腳步放慢一點。看到有些人擁有多采多姿的社交生活時，我也想參一腳，但接著馬上又回到平常安排生活的方式，繼續把朋友排在最末順位。

我沒有把朋友排在優先的另一個原因是（我要透露一個大秘密了），我其實徹頭徹尾是個內向的人。如果你曾經見過我本人，或是看到我在公開場合唱歌，或是聽我演講兼開玩笑，你可能不會相信，這其實是我為了專業理由培養出來的樣子。在公開演講之後，我唯一想做的事情只有獨處放空幾個小時。我喜歡與人相處，但這也讓我流失精力。我在工作的大部分時間扮演一個專業的外向人，一整天下來之後，我最不想做、或說最不需要做的事就是被更多人包圍著。

對內向者來說，和新朋友見面更為困難。我先生剛進史丹佛商學院時，我在臉書工作，我得要先做深呼吸，準備好去和幾百個人見面，他們是未來兩年內在我先生的生活中很重要的一部分。

商學院學生的配偶被稱為 SOs（significant others，「重要他人」的縮寫），做為布蘭特的「重要他人」，我收到邀請去出席許多活動。而我當時在這個新創企業每週工作七天、每天二十四小時，對我來說，出席大部分活動很困難，但我還是盡量參與。

這些活動是研究人類行為非常棒的場合，特別是像我這種「重要他人」。剛進商學院前幾週，活動才剛開始時，同學們彼此介紹、社交，串連成一個大團體。起初有些人會與我握手寒暄，不過一旦他們知道我只是個「重要他人」，打招呼就很快變成莎喲娜啦，商學院學生會轉頭去找某些對他們事業有幫助的人。

這種經驗既令人氣餒又困難，而且讓人覺得自己很微不足道。我想要和我先生及他同學相處，但在我有限的時間內能交的朋友已達上限，所以對於那些大忙人來說，我根本一點用處也沒有。要是有人知道我在臉書工作還會想與我們當一生至交，這樣我很快就能看出誰才是真正的朋友。

幸好，他的班上還是有幾個很棒的人，對待「重要他人」的方式不同。這些人不會以對他的事業有沒有幫助來評判一個人，我們現在也彼此為友。特別是其中的瑞貝卡・薩彼若（Rebecca Schapiro），現在我只要出差到世界各地演講，第一個想找的旅伴就是她。她曾經和我一起去過科威特、丹麥，以及阿根廷。感謝自己身為布蘭特的「重要他人」，讓我交到像瑞貝卡這樣值得信任的朋友。

回想過去那段時間，其實我很高興經歷過那次石蕊試紙般的測驗，因為某些從商學院時代就開始交往的朋友，是我和先生人生中最棒、最可靠的人。

朋友優先的投入者

這樣的人很會把朋友排在三項目標中，是輕易而再自然不過的事。

我們彼此之間的連結，讓這個世界成為更有活力、更有趣的地方。它會啟動創新、好奇心以及社會公益。沒有這些連結，我們會徹底與外界隔絕。

——蘇珊．麥佛森（Susan McPherson）
麥佛森策略顧問公司（McPherson Strategies）創辦人

有些朋友非常會與人連結，能夠和所有見過面的人保持聯絡，擁有一小群經得起時間和任何事情考驗的密友。我想了解為何有些人能經常把朋友擺在優先順位，甚至得到「無敵人脈王」的稱號。所以我決定訪問一位朋友優先的投入者，蘇珊．麥佛森（Susan McPherson）。

麥佛森策略顧問公司（McPherson Strategies）是蘇珊創立的機構，專長在於品牌與社會公益之間的連結。她從十歲開始就會幫人牽線，也告訴我小時候在暑假安親營隊、幼女童軍及女童軍小組，還有大學時期的體操隊等不同時期的回憶。有些人天生就很擅長社交。

蘇珊喜愛人群，而且格外好奇是什麼啟發人們、引領他們前進，或是什麼讓人感興趣。她一直都很喜歡與人見面，還有了解別人。她相信，要維繫人脈需要很好的記憶力、求知欲，正面態度及外向性格。而且，讓別人之間產生連結，她會覺得靈魂好像注入了多巴胺。如果她促成一樁好事，她會非常高興。

對蘇珊來說，最大的挑戰是人脈就地斷絕，沒有任何結果，甚至連友誼都沒有牽成。「我們這個時代，朋友來自四面八方，各有不同的興趣、文化傳統、背景及目標，讓我們這個世界更加豐富。」幸好蘇珊想不起來有哪段關係讓她覺得失望。但是有幾次她為別人做了重要的介紹，卻沒有收到感謝或甚至不被承認。「第一次發生這種事時，感覺很受傷；但是經過一段時間之後我便明白，我牽這些線不是為了得到肯定，我是要推動事情發生。」

她對其他專業連結者的建議是，不要以搶占鰲頭的心態來做，而是要從別人身上學習，因為每一個你碰到的人都會帶領你通向他們的獨特經驗。「要開放且溫暖，真心傾聽並補上有意義的觀點。這樣做，你的世界將會更豐富，然後才能拓展出去，介紹新認識的人給你的世界中的其他人。」

為了做個連結者，蘇珊犧牲的是自己的時間。但是她說，時間會帶來反饋，因為她促成的各個連結都能打開新的機會，帶來各式各樣的好結果。有時候她的確會覺得有點心力交瘁，心想為什麼要花這麼多時間去牽線。然後，就會有某個她曾經幫忙過的人寫訊息來，這提醒了她，為什麼創造連結是永遠值得去做的事。

蘇珊牽線過幾百次，其中一個她有最有感的案例是：她運用自己的人脈，為一名好友拿到一百萬美元補助金。這位在匹茲堡的朋友當時正要啟動一個名為鄰居你好（Hello Neighbor）的計畫，內容是協助連結敘利亞難民與當地友好家庭。蘇珊非常支持這個計畫的理想，也支持創辦這個計畫的朋友詩瓏。蘇珊很自豪而且感動自己能夠運用人脈來幫助詩瓏，推展這個立意良善的計畫。

蘇珊相信，我們彼此之間的連結讓這個世界成為更有活力而且更有趣的地方。連結會啟動創新、好奇心與社會公益。沒有與人的連結，我們會徹底與外界隔絕。

如果你和蘇珊很像，大家都說你是個連結者，那麼我要向你致敬。只要記得你能夠區分那些想從你身上得到什麼的人，以及真正的朋友，這樣才不會把太多時間花在「使用者」身上。對於那些不太像蘇珊在社交上這麼自在而且能維繫大量人脈的人，建議在你的每日行程中建立輕量的人際關係就好。「保持關係不會像你想像的那樣有挑戰性或是很花時間。的確，這也代表著，在你需要什麼事情之前，就要偶爾和人家聯絡，只要簡單傳達：你最近好嗎？噢，有你在真好！」

當你年紀愈長，會愈來愈難交到新朋友。最近我和另外一對我們夫妻的朋友在晚餐聚會時提起這件事，我們才忽然理解，年輕的時候，只有自己一個人的事情要處理，真的很容易把友誼放在優先順位，但是當我們年紀漸長、結婚生子，突然之間你的朋友得要符合一大堆條件，才能進入你的親近圈子裡。你必須要：

- 喜歡這個人。
- 喜歡他們的「重要他人」。
- 喜歡他們和他們的「重要他人」對待彼此的方式。
- 喜歡他們的孩子。
- 你的小孩要喜歡他們的小孩。
- 喜歡他們對待他們小孩的方式。
- 如果他們沒有小孩或「重要他人」，你要喜歡這個事實。

用這種方式來看待友誼會把你累爆，而且不切實際，因此令人難過的是，社交生活是馬上就會被擺在最末順位的事，尤其如果你家有幼兒，或是你的工作或事業很忙碌。有時候透過「重要他人」來交朋友還比較容易；但也有時候，就像前面提過的商學院案例，那也並不容易。

這些經驗讓我想到，有些人沒有辦法和朋友保持聯繫，無論是出於自願或是必須如此。如果你就是沒有辦法和你的朋友保持聯繫呢？我想到必須待在太空中好幾個月的太空人；想到無數我曾經和他們說過話的 Uber 駕駛人；許多人說到他們搬到美國來工作並寄錢回家，好幾年不能見到配偶或小孩；有些人被圍繞在有害的朋友圈中，最後終於有勇氣掙脫出來；我還想到有些人突然必須改變身分認同，為了逃離某種危險的情況，必須切斷與過去的名字及生活有關的一切。

如何成為更好的朋友（以及如果搞砸了怎麼辦）？

當你忙於工作、家庭，以及生活中其他領域時，很容易會讓友誼掉到旁邊去。如果你發現自己需要更重視朋友，或是你搞砸了友誼而想要挽回，這幾個點子或許可以補救：

- **傾聽，不要評判**

試著多傾聽，而不要多說，確定任何你給的意見完全不帶任何評判。這絕對是一個需要克制力的練習，但是回報會相當大。

・**信守承諾**

我們都曾經有過這種情況，答應要做什麼事，卻沒辦法做到承諾。那種感覺非常糟，最好是一開始就說不，而不是試圖討好別人。

・**人要出現**

非常簡單，就是你人要到場，不要只在好天氣才出現。朋友有需要，你就要在場。就算你對朋友的處境並不是特別有感，你還是可以做到支持他們。

・**真心替你的朋友感到開心**

就算你嫉妒、眼紅、全身上下每一寸都希望某事發生在你身上而不是你朋友身上，但不要只想到自己。為你的朋友感到高興，將來有一天你也會有機會。

・**道歉**

必須是真心的，不要找任何藉口，也不要試圖把過錯推給某人或某事。做錯事就承認，然後放下它。我們都會犯錯，但我們如何處理過錯，才顯現了我們真正是什麼樣的人。

放下朋友的篩選者

這樣的人選擇不把朋友排在三項目標當中，而且一再如此。

當你獨自一人而且沒有任何聯絡網時，真的會是個挑戰。你需要一位值得信任的朋友或是有責任感的家人幫你轉寄信用卡單或是帳單。

——金柏莉．包爾克利（Kimberley Bulkley）

歐洲安全暨合作組織監測員

金柏莉．包爾克利（Kimberley Bulkley）告訴我，她的職業很難有一個職稱來形容。「如果得要我勾選，通常我會選國際發展，但是它實在不夠精確。」金柏莉大學主修俄語及國際關係，一九九一年畢業時，正是蘇聯開放風起雲湧之時，蘇聯解體之後，美國與俄羅斯的關係要重新展開。當時的蘇聯總統戈巴契夫甚至在她的畢業典禮上致詞，十分切合那時的情勢。

金柏莉於一九九一年首度造訪莫斯科，就在蘇聯政府成員發動政變把戈巴契夫趕下台的三天後。一九九六年，金柏莉回到美國，進入法律學院，但是不久之後又回到前蘇聯。她加入歐洲安全暨合作組織，移居到奧地利維也納，當時該組織總部設在那裡。她擔任情報工作，協助政府打擊貪汙及防制洗錢。

她起初的職位是歐洲安全暨合作組織的經濟與環境顧問，駐地在烏茲別克的塔什干，一年半之後轉移到吉爾吉斯的比斯凱克，在那裡待了四年，之後又轉到喀布爾，預計是為期五年的任務，不過她只在那裡待了一年。

從中亞到烏克蘭，金柏莉在同一個職位上都待不到幾年。她選擇的職業非常具有挑戰性，不只是協助世界維持和平發展，也是指她如何在美國以外的地方維繫她的私人事務。「好比說，你的信用卡到期了，銀行要寄一張新卡給你，但是不能寄到戰爭地區，但是你確實需要一張信用卡來訂下一次的度假機票。」金柏莉確實是走上了一條比較少人走的路，也因為如此，她成為放下朋友的篩選者。

這幾年來，金柏莉花了很多心力和美國的朋友保持聯繫。「我寄卡片，寫電子郵件，在臉書留言，盡量固定用 Skype 視訊，每次要去拜訪朋友之前一定會事先安排、帶上禮物，即使自己旅途疲憊也會留時間與朋友相處。當我沒有花心力做這些事情，幾乎大部分友誼都蒸發掉了。我知道我們曾是朋友，大家只是太忙於自己的生活，或者是和我已經沒有交集了。我不知道這是不是美國的獨特現象，但是我真的相信，我們的生活方式把實質的深厚友誼看得太輕；又或許只是，如果朋友們見不到你的人，那你在現實中等於是不存在。」

金柏莉告訴我，在海外工作的人，交到的朋友大部分都是生活方式相同的人。你在世界上幾乎每個國家都待過，卻很難交到知心朋友。

維持長距離的聯繫，科技幫了金柏莉很大的忙。「我幾乎每天都用臉書訊息、Skype，或用電子郵件寫短訊給家人及朋友。如果旅行行程剛好的話，我們能夠協調出時間在機場大廳見面。有時候親朋好友會來到我工作的國家參加會議，有時候我們會在某地度假的時候辦聚會。全都要看每個人的彈性，還有是不是真的想要維繫友誼。」

至於現在，金柏莉最重要的人際關係就是父母。「他們已經八十多歲了，與他們見面是我的優先選擇，因為他們在這世上的時間已經不多了。大部分假期我都會回去幫忙，花時間和他們在一起。」

不論你是不是放下朋友的篩選者，有一個情況是我們許多人都曾面臨過的，那就是你基本上必須從零開始，與新朋友見面、重新打造自己，也從頭開始交新朋友，那就是上大學的經驗。

重新打造人際關係的革新者

必須重新思考並重新建立朋友圈的人。

就像你生命中的其他階段一樣，大學時期的友誼很重要，因為（理想上）它提供了一個互相同理與支持的關鍵系統。

——茱莉・齊林潔（Julie Zeilinger）
女性媒體中心FBomb部落格創辦人及編輯

茱莉・齊林潔（Julie Zeilinger）的FBomb是個女性主義部落格，也是一個青少年和年輕人的社群。茱莉的書《大學一〇一：一個女生的新鮮人指南》（*College 101: A Girl's Guide to Freshman Year*）寫於二〇一五年，她大學畢業時。這本書的內容提及大學生活的每一個層面，包括交朋友。茱莉是我們的超級英雄朋友。

「交到新朋友，對每一個新鮮人來說並非都很困難，」茱莉說：「有些新鮮人很輕易就能迅速與人進行有意義的交往，但也有很多人因各式各樣的原因而感到交朋友很費勁。」

茱莉舉例說，有些學生會想家，在適應校園新環境時，交朋友可能會花很多力氣。「搬到新的城市、不同的州或甚至是這個國家中完全不同的次文化區域，對很多學生來說，情緒和習慣都會有很大的調整。如果你出身紐約市，到了大部分保守的南方校園，對於這樣的文化可能要適應一陣子，而且也可能很難和那些沒有適應問題的人成為朋友。」茱莉推薦大家，融入充滿挑戰的新環境、和背景出身不同的人交往，把這兩項視為絕佳的成長機會。

而對於害羞或內向的學生來說，要讓他們有動機、變得夠外向去認識新朋友也是個挑戰。茱莉說，有些人較看重有意義的人際關係，但是在新生訓練上實在起不了作用，畢竟大家在那當下的交談多半比較表面。有些人多年來和同一群朋友交往，其他人都已經了解你，也接受你這個人的特質，彼此之間的互動方式會比較輕鬆隨意，在這種情形下，要交新朋友會很有挑戰性，甚至很累人。

茱莉高中時有五個最好的朋友，基本上她的社交世界就是這五個人。「我們什麼事都一起，我們知道彼此生活中最私密的細節，然而後來我們都去了不同的大學。雖然我將永遠感謝真誠的交情，但是我想也是因為這樣的友誼基準，讓我在大學開學那幾週很難成功交到新朋友。」

大學第一年時，茱莉有一個室友和其他幾個還可以讓他感到信任的人，但最困難的是，必須與人有一搭沒一搭（但必要）的聊天，交談內容模式都差不多：名字、從哪裡來、想選什麼主修、選擇這個學校的原因等等。

其實大學畢業後也是一樣，我們的生活圍繞在工作和家庭打轉，所以忘記去培養新的人際關係。茱莉告訴我：「沒有一直把自己丟出去（即使違反我天生內向的個性）、推自己跨出舒適圈，就沒有辦法建立新友誼。我以前有參加課後社團以及大學姊妹會，而且在班上、在校園裡會刻意找機會和同學講話。」

至於實際上該怎麼做？茱莉提到有個常見的理論是，大學時期就是為自己建立一個新人格特質的機會。「我們可以變成一直以來都想要的樣子，即使小時候可能不被鼓勵那樣。奉行這個理論的人，也傾向於去找尋他們認為是符合那個新人格的朋友。」

不過，變成新的模樣可能不是建立長遠友誼的最好方式。茱莉認為，大學經驗並不是建立新人格的機會，而是一個做回自己的機會，也就是說，其實自己一直以來都是那樣，只是之前都被壓抑住了。「慢慢熟悉自我的過程，毫無疑問是因為透過周遭的人，而讓我們了解自己。」

我們很容易放過自己，並且和高中時期同類型的朋友交往。如果你是混劇場的，你容易傾向與戲劇課程的人交朋友；如果你是環保份子，當然就有無數熱心生態議題的人準備和你交朋友。不過，大學校園裡充滿了熱情而多樣化的學生，各具特殊才能及興趣。茱莉建議大家，要給自己一個任務：找到和你在根本上不一樣的人，與他們做朋友。「能夠找到親近並了解你、在某種層面上能夠和你交流的人，這樣很棒；但是，認識具有不同觀點及價值的人也非常重要。或許這段友誼能夠長久，也可能不行，但是從某方面來說，絕對會是個寶貴的經驗。」

一旦上了大學，高中時代的友誼會改變，就像大學時代的友誼到了畢業之後會改變一樣，時間與距離的後果是避免不了的。「你可能會融入不同文化，周圍是不同的人及其他影響因素，而且每個人某個程度上都會改變，難免就出現了之前沒有的隔閡。」

你在大學的經驗也許會不同，不過還是可以藉由實際的分享維繫高中老朋友。「大學生的生活其實一直很忙，如果你想維持友誼，要掌握的是保持聯絡的方法，可以透過科技，但是不要完全被科技定義或限制住。當你和老朋友聯繫時，確實把他們放進你的生活中，即使你的生活具體來說多半是在處理和大學朋友來往的複雜感受，還有各種細節狀況。」

為了不要讓友誼變得很表面，茱莉說，不要把你們之間的對話降格到表面的話題。「交談時，記得讓朋友知道你的近況。我自己大一時，每次和高中朋友聯絡，發現自己不知為何就是沒有把某些重要近況告訴他們。他們會覺得我故意隱瞞一些重要的事，這樣可能會讓他們懷疑我們之間的交情。」

還有，一定要記得給朋友一些空間，尤其是在奉行「選三哲學」時，「大家上大學之後都會有所改變，改變沒什麼不對。如果你的朋友舉動不似往常，請試著不要評判他，可以這樣理解：他們正在處理新的情勢，和新的人際關係打交道，試著在其中找到自己的位置。如果這是一段長期友誼，你必須願意讓它在這條路上有一些顛簸，給予支持和理解，即使這可能並不容易。」

對茱莉來說，友誼的重要性，不是只有在大學經驗的脈絡下，對未來也很有影響。「有強力的朋友人脈，對女性的專業生涯非常有幫助；不管你的朋友是不是在與你相同的產業工作。進入職場代表著一連串的挑戰及經驗，能夠有知心而且可以信任的朋友支持是很重要的，這能夠協助你在人生新階段中成長茁壯。」

認為交朋友很傷腦筋的人，應該回過頭檢視一下過去交往的朋友是誰。茱莉說：「要自己走出舒適圈，把自己放到新環境和新情勢中，通常很有價值。這樣做不只可以讓我們認識自己，還可以讓自己碰觸到新的事物；當然，還有新的朋友。」

至於我們這些怪咖，說起來應該占了全部人的大多數，茱莉建議，與其認為我們的古怪行為缺乏吸引力，不如這樣理解：許多人認為這是誠實與真性情的表現。「反正，不能接受一點兒怪的人，可能不會是最有同情心或是最照顧人的朋友。所以，坦然接受我們自己的怪，其實就可以藉此看出我們如何與別人交往。」

我們都有過從零開始的經歷，不管是就讀新學校、搬到新城市或是開始一份新工作。從頭開始、建立關係和信任感，向來困難；但是這也令人雀躍，可以重新打造自己，可以從過去的經驗中知道你想從人際關係裡得到什麼，並且知道你要從自己身上得到什麼。

現在這個年代中，我們不斷旅行、搬家、換工作。一個剛畢業的大學生在三十歲之前換工作的次數可能高達七次！在這種情況下，所謂「永遠的朋友」就更稀少也更珍貴了。我的人生中，除了家人之外，能夠得到「一生摯友」這個獎項的是夏麗．弗羅爾斯（Shari Flowers），小時候她叫做夏麗．米勒，我們在十一歲那年的夏令營中認識。

天哪，夏麗真是超懂我。她看過我好的一面、壞的一面、傑出的一面，還有不欲人知的一面。我第一次接吻時，她在我身邊（不是字面上的意思）。她和我一起被罰，因為我們做了一件……這麼說吧，一件有創意的事，她和我一起發展出一套傳紙條的密碼。高中時，她與我一起去哥斯大黎加旅行一個月，在雨林底層搭帳露營；幾年之後，我們不約而同在一週之內碰到後來結婚的對象，我們為彼此的婚禮做伴娘；結婚日期只相距一年，而且都生了兒子，出生日期相距不到一個月。現在夏麗住在紐澤西，是名事業成功的醫生。我們經常見面，坐下來寫這一段的幾分鐘前才剛和她傳過簡訊。生命中有一位像夏麗這樣的朋友，我覺得非常幸運，從以前到現在，她了解所有的我，而且竟然有辦法不尖叫逃跑。

當朋友加上……運動？

一起流汗的朋友，可以長長久久。如果你很難做到時常把朋友或運動擺在優先選擇，試著結合這兩者，和朋友一起報名健身課程，下次見面不要安排去喝一杯，而是去走路或是參加休閒跑步活動。

針對「和朋友一起運動」這件事，我請社交運動平台inKin的創辦人兼執行長薩拉．瑪提若絲揚（Zara Martirosyan）來與我聊聊。這個平台幫助所有使用者透過友善的社交健身競賽更有元氣、更活躍。「健康是人類最重要、最有價值的資產，」薩拉告訴我，「但是，對於大部分在健康這條路上剛起步的人，會比較困難。大部分人缺乏動機，或單純不知道要從哪裡開始。我們的目標是教育大家，我們從各個不同的健身器材及應用程式上收集資料，透過與親朋好友及同事社交；透過友善的競賽、運動遊戲化以及獎賞，讓大家動起來。我們知道這會有效，因為我們其中一個人在做這個專案時，一年之內瘦下超過三十公斤。」

這個平台的任務是，有趣的社交運動挑戰可以幫助大家改變行為，並且注意到自己的身心良好狀態。使用者與其他人一起參加線上健身競賽，建立習慣去追蹤自己在健康方面的重要核心，也就是每一天的活動、營養及睡眠。

如果你現在最關心的事情是運動，而且發現自己需要督促，或者是你想花更多時間和朋友相處，你可以試著用好玩而且令人有動力的方式結合這兩者。你現在的朋友將會感謝你，而你可能會在這條路上交到更多很棒的新朋友！

有時候即使你想投入社交，但是當友誼是負面的毒害時，你還是必須承認。和朋友絕交是相當困難的事，但是如果某人給你的人生帶來負面影響，你必須停損，往前走。大家都會有出狀況的朋友，或是長大之後分道揚鑣的朋友。當友情變成反目成仇，需要停止這段友誼時，要承認這一點有時令人很痛心。我們掙扎著繼續做朋友，我們為不好的行為找藉口，我們因為以前那段在一起的舊時光而感傷懷舊，但是有時候你所能做的最好的事，同時也是最堅強的事，就是承認你們的差異已經走到必須分道揚鑣這一步，該是結束友誼這一章，保持距離遠遠地愛著彼此，這樣才能讓每個人都往前走下去。

有些人喜歡和密友一起工作，在事業發展上傾向於找親近的人際關係。有些人則是避之唯恐不及，而且會給你忠告：千萬不要和最好的朋友一起做生意。我則是曾經處在中間。我投資好友的公司，但一定會確認賠錢的風險（其實這個投資原則也適用於投資在高風險、非常投機、早期創業——不管是不是朋友所創的業上）。我曾經和好友並肩工作，但更常見的情況是，剛開始一起工作時，我們比較像是彼此友好的熟人，然後時間一長就慢慢變成好友。當我和朋友一起工作時，我也會盡量確認這些人擁有互補（而不是重疊）的技能。我們在做一件無法預期的事時，例如創辦新企業或做大型專案，人們自然會傾向找和自己類似的人，這樣比較安心。但是共通點太多可能有害，如果兩個人的技能完全一樣，最後會變成互相踩對方的腳趾，而不是平衡彼此的優點與缺點。

在一場富比士及第一資本的激盪論壇上，集體智慧（Collective[i]）公司的創辦人海蒂．梅瑟（Heidi Messer）說：「在許多方面，生意夥伴有點像婚姻。至少，你應該完全信任你的夥伴。」我曾和一位密友合作一項專案，結果對我們的友誼是很大的傷害。當時我住在矽谷差不多一年，我想我的銀行帳戶裡大概有一萬美金，我從來沒有過那麼多錢。我並不是多麼富有，可是我想大部分的人會假定我很有錢，因為不管到哪裡總是看到臉書的新聞，外界在評估這家公司的價值時，數字後面總是有很多很多個零。

大概就在那時，有個朋友和我決定一起推出一個業外的小型專案。我們想出一套計畫、時間表、預算。剛開始時非常好；與好朋友一起投入計畫、匯聚創意真的超級好玩。但是，每次到了我們彼此同意的費用到期日時，就會開始有摩擦，她開始哭窮，最後所有開銷都落在我頭上。我帳戶裡那一萬美金很快就用完了，這影響到我在那年年底假期的旅行計畫。

然後，專案快結束時，那位朋友對我出示一份「合夥同意書修訂版」，說她應該擁有百分之七十五的計畫，而不是我們先前同意的一人一半，因為她說最初想出點子的是她。

好吧，也許我當了傻子，但是我毫無疑問不是個凱子。我們大吵一架，直到今天我們的友誼還沒有恢復。我認為，如果她當初早一點坦白她的財務狀況，以及她能夠貢獻多少，還有她想要達成的目標，我們之間就能夠避免許多衝突及紛擾。幸好，那個專案對我們的事業及生活並不是什麼關鍵任務，只是一個小小的副業，但是這是一個教訓，我學到的是要和密友一起做事業時會有的風險，代價還不算太高。

但無論如何，我的經驗並不代表你不該這樣做！許多人能夠與親朋好友一起工作，而且能夠公私分明，讓事情全都順利運轉。開創事業是寂寞的，因此有個能讓你借重、在險阻時讓你倚賴的事業夥伴真的很棒。只要你了解合夥的風險，並試著在事情開始之前就先協商出最壞的打算。在衝突之前先做好準備會是最好的辦法，如此到最後，你的事業和友誼才能兩全。

我們的人際關係專家依琳．列文（Irene S. Levine）是紐約大學醫學院的精神科教授。依琳說：「每個人需要的朋友數量，以及偏好什麼樣的友誼形式都不一樣，取決於性情和個性。有些人喜歡有很多不算緊密的社交連結；有些人偏好人數不多、親密而凝聚力強的友誼。我們對朋友的需要，在一生當中也會有所改變，影響的因素是我們的生活狀況及能夠運用的時間。」

身為女性心理學家，依琳對於女性之間的友誼一直都很感興趣，自然也好奇自己的友誼和她認識的人比較起來有什麼不同。她在想，為什麼有些友誼會持續下去，而有些友誼就消失了。經過歲月的淘洗，就連死黨的交情有時也會變化無常。

當出版社找依琳寫一本女性友誼的書時，讓她有衝勁去挖掘文獻，訪談各年齡層的女性，談談她們的經驗。她設計了一個線上問卷，來為她的書《永遠的好友：與好友決裂時的生存指南》（*Best Friends Forever: Surviving a Breakup with Your Best Friend*）提供資料。她發現，友誼是非常重要的人際關係，尤其是對女性。「友誼幫助我們形成自我認同，也界定了我們成為什麼樣的人。若說友誼是幸福美滿的因素也不為過。」

但是依琳也發現友誼的缺點，失去友誼會讓人感覺是個人的失敗；為了親近另外一個人，可能的情況是我們會先中斷一段友誼。「外界常常以交朋友與保持友誼的能力來評斷女性。失去密友，尤其如果情況是單方面絕交，那會更受傷。那就像失敗的感覺，有時候可能就像被離婚或失戀被甩一樣痛苦。有些友誼關係，比血緣親情的關係還要強烈。」

依琳說，對於終止友誼的文化禁忌非常強烈，使得女性不願意結束友情，甚至連不再彼此互惠的友情也不願意結束。也經常有不少人覺得寂寞，連一個可以提供支持打氣的知心朋友都沒有（例如能夠載他們去看診，或者能夠透露親子問題的朋友）。

講到友誼背後的科學，依琳表示，雖然還沒有精確的生物機制可以說明，但是有一些研究顯示友誼和社會支持有關，並有助於健康及情緒，例如降低心血管疾病、肥胖、糖尿病、高血壓、憂鬱的風險，也有助於長壽。

至於社交媒體則可以增強我們交友的能力，並滋養現有的友誼。當朋友四散各處，社交媒體讓我們輕易地做到不同步聯繫。不過也容易帶來誤解，尤其是當我們看不到對方的表情、肢體語言等等的時候。

那些重要的朋友

真正的友情，表示要人到心到。放下你的科技裝置，動動你的雙腿。寄一封電子郵件、發一封簡訊都很容易；出其不意地的出現在朋友家門口，就困難多了。

——艾美．史佛斯坦（Amy Silverstein）
作家

艾美・史佛斯坦（Amy Silverstein）是《得友如此，夫復何求》（*My Glory Was I Had Such Friends*）的作者，這是一本回憶錄，她在五十歲、等待第二次心臟移植手術時撰寫完成，她相信救了她性命的是九個朋友。如果這個故事還不夠啟發人心，就在這本回憶錄出版兩天之後，因執導《星際大戰》及《西方極樂園》（*Wedtworld*）而成名的導演亞伯拉罕（J.J. Abrams），買下這本書的版權要拍成影集。

艾美在二十五歲時接受第一次心臟移植手術，她被檢查出心臟功能障礙，預期生命只剩十年，但是她決心不讓此事成真。心臟移植後，健康地活了二十六年，在心臟病上實屬罕見，但她發現自己需要第二顆心臟，而且必須遠赴洛杉磯去做手術。她搬到洛杉磯之後，女性密友們決定不讓她孤單，因此做了一份分工表，每個人輪流去陪她，一定要全程有人在她身邊。「人們能夠起身行動，尤其是當他們可以拯救某人生命的時候。」

艾美寫下這本書，因為她知道必須寫下朋友們為了她一個個親身支持而締造的奇蹟。這本書挖掘出她從二十五歲到五十歲之間的友情變化，人的成熟度讓你學到如何現身支持並滋養彼此。「當你只有二十五歲時，不會表現得像五十歲那樣的朋友。」

《得友如此，夫復何求》重點放在每一位女性友人在艾美第二次心臟移植手術時為她帶來了什麼。她們各自有各自的生活，卻能夠為同一個中心目標集結起來，在自己的生活中作出貢獻來幫忙朋友。有些朋友事前認識彼此，但有些並不相識，然而她們所有人形成一個小團體，建立了一段獨特的友情。她們會寄電子郵件給對方，協調誰帶什麼東西、到訪的時間，以及能夠做些什麼來減輕艾美的恐懼。「我想我的朋友們自己也很驚訝。這有點像是一種把愛傳出去的情操。」

艾美的朋友之中，有的是相識了一輩子的老友，有的是近來才培養出感情的新密友。老朋友之中，有的從小學二年級就認識，兩個在法學院認識，還有兩個是透過丈夫而認識。等待第二次心臟移植時，這些朋友都來看她。其中最新認識的朋友，在艾美動手術之前其實比較像是某個情境下的熟人，而她每一天都去醫院陪艾美，整整持續兩個半月。

艾美說，一知道自己必須要隻身一人去洛杉磯，她大受打擊，覺得就像是去洛杉磯赴死。在等待新的心臟的過程中，她孤獨、恐懼、害怕自己被遺棄。但當朋友來看她之後，悲傷感很快就減輕了。「我的朋友讓我撐到活著得到那個器官；沒有她們的話，我做不到。」

對艾美來說，怎麼當個好朋友，不是天生就會的事。她二十五歲時並不是個超級朋友。不過她說，人到中年通常會學到方法，去展現比較有意義且真誠的內容。「透過電子郵件或簡訊比較容易和朋友交往；但是，給對方一個真正的擁抱，感覺是很棒的。」

如果在你生命中也有這種經驗，發現自己出乎意料地需要朋友的支持，我相信你會感謝過去曾經投資的那些友誼，在需要的時候能夠有朋友可以靠。不過友誼也很奇怪，有時候你盼望哪個朋友出現在你身邊，結果卻令人失望；有時候是你完全沒有想到的人，為了挺你而站出來。

幸運的是，我們許多人屬於某個學校、宗教或社區組織，這些機構能夠介入協助，幫助我們之中需要扶一把的人。在我們的生活中很容易優先選擇別的事情，而且老是說「我現在沒有時間可以給朋友，我太忙了，我累了。」但是我一直在心底想著：萬一我出了什麼大事，我投資的友誼交情足夠讓朋友對我伸出援手嗎？朋友就像存款帳戶。如果你一直都是不求立即回報的好朋友，如果你曾經對有需要的朋友伸出援手，那麼你可算是投資得很明智。因為，就像艾美那樣，我們永遠不知道，哪個時候就是這些朋友可能會站出來拯救你的生命。

交新朋友的難處仍然困擾著現代人。依琳說：「我們小時候很容易就在公園裡找人問『我可以和你玩嗎？』或『請你當我的朋友好嗎？』，可是長大之後，我們交朋友時變得顧慮許多。大家常常服膺一個常見的誤解，認為每個人已經都有朋友了，但是真相遠非如此。友誼通常是短暫的，隨著人生階段改變，友誼也會跟著改變，例如畢業、搬家、結婚、有小孩、換工作、離婚、喪偶等等，很多人都在找新的朋友。」

依琳解釋，有些友誼受制於地理限制及不一致的生活方式。但是，如果友誼的根基很穩固，而且這段友誼對雙方而言都很重要，那麼就需要積極培養這段友情，要安排時間拜訪對方，用電話、社交媒體或簡訊聯絡。「如果有人覺得工作有壓力，發現自己沒有表現好，也許是因為花了太多時間在社交上面。花太多時間與朋友相處也會造成家庭緊張，例如忽略了對孩子或配偶的責任。」

另一方面，如果有人覺得寂寞，沒有人一起分享成功與低潮，可能表示應該花多一點時間培養友誼。依琳表示：「大家常常以為花時間和朋友在一起是沉溺及揮霍。實情是，友誼讓我們成為更好的配偶、父母及工作者。」

友誼專家說，友誼這條路怎麼走，並沒有一套規則可循。有時候甚至連友誼何時開始、何時結束都很難知道。我們也很難預料誰是會在緊急時挺你的真正朋友，而誰又是酒肉朋友，一出事就跑掉。

向朋友借錢（而不弄得尷尬）

無論你是為慈善活動募款，還是為一個新專案籌錢，或者就是入不敷出，向朋友借錢可都能會弄得很尷尬不自在。萬一你遭遇這個情況時，可以考慮這幾個要點：

- **借錢會影響你們的友誼嗎？**

對你們的友誼來說，金錢是否會變成一個不必要的權力不平衡？一定要知道這個答案之後再行動。

- **如何開口是關鍵**

你絕對不想讓別人感到驚愕，或者讓他們措手不及。你一定要說清楚你需要多少，以及你要怎麼用這筆錢。表現出考慮周到而且有計畫的樣子，能夠增加得到同意的機會。一定要各別問，而不是當著一群人面前問；而且，不要當場就要求答案。想想如果情況反過來，你會有什麼感覺？所以你要給朋友充裕的時間考慮。

- **除了錢之外，有沒有其他幫忙的方式？**

如果你覺得借錢太尷尬，也許還有其他方法，朋友也可以幫得上忙。比如介紹其他人給你、借時間給你、以及借重對方的專業，都是很有價值的。

・白紙黑字寫下來

製作一張書面契約，雙方簽名。把這筆帳記錄下來，如果可以的話，也載明償還計畫。只是「握手同意」而沒有實際寫下任何東西，等於是保證：萬一有什麼閃失，你們的友誼不會存活。

・借款金額要合理

盤算出一個你真正需要借的數字。向朋友借錢，通常只有一次機會，一次就借足額，如此你不必再回來向朋友開口要更多，但是也不要獅子大開口哦！

真正為你好的超級英雄朋友

需要重新思考朋友圈，並且想想如何把朋友放在優先，以支持他們所愛的人或是自己的人。

我沒興趣、也不想再過同樣的生活了。讓我能夠復原的是——不必再大量編造我的人生。

——海倫（Helen）
復原倡議者

海倫是匿名戒酒團體的成員，戒酒已長達八年，她覺得很多朋友因為她的這個決定而假裝高興。「這讓我很難過，因為我以為這是正面的決定與方向，但是我看得出來，他們的笑容背後還有些別的。我想大部分的人對於自己和酒精的關係是有自覺的，只是我的朋友就不是那些喝個兩杯就回家的人，有些朋友可能覺得我採取太激烈的復原方式。」

在復原期間，海倫不可以再去酒吧及供應酒類的地方，但是她並不是馬上就做到。她的自尊與自我意識讓她認為自己可以像以前一樣去這些地方而沒有任何渴望，不過她說，這個想法滿蠢的。「說真的，匿名戒酒協會就是要你改變習慣。你不去酒吧而改去聚會，在那裡交朋友，一再和他們見面（和那些長期出席的人），就像你在常去的普通酒吧和同樣一群人見面一樣。」

海倫的復原生活模式比較是精神靈性導向，她享受新生活中的坦誠，也接納弱點，這方面許多不喝酒的朋友並不感興趣。「我做了補償挽救友誼的事，很多人覺得我這麼給面子，他們會感動，甚至驚喜於我竟然會這樣做。」

有些人是海倫必須疏遠的，這些人是派對上的酒肉朋友。「他們似乎很容易就溜走了。這對我的復原有幫助，讓我知道人生中不必樣樣都得精心編纂。我開始順其自然，讓事情自發開展，當然，也不是隔夜就發生。但我學到的是，不必刻意去做些什麼，只要保持清醒就行了。」

現在海倫有一群值得信任而且可靠的新朋友，交到這些朋友，也是對她自己負責。「他們對自身生命的高度誠實對我來說非常有啟發性，而且也療癒了我。我看著他們無論碰到任何事都堅持保持清醒，那些事也許每個人都會碰到，你也可以清醒地面對一切。」

注意：所有的人生在網路上看起來都比較好！

永遠不要拿別人的 Instagram 來與自己比較。濾鏡和修圖軟體可以把照片修得很美好，但是真實生活卻不能編輯。當然，貼上的一定都是有笑容的、好玩的，以及看起來閃閃發光的那一刻，我們沉浸在這些貼文和照片的氛圍中，實際上那裡什麼都沒有。

・有自覺地使用社交媒體

社交媒體的目的就是——讓你覺得自己和你在乎的人事物比較接近。如果社交媒體並沒有讓你覺得快樂，想想看你如何以更有自覺的方式來使用這些網站。

・記得，每個人都有人生課題要面對

最近我打電話給一個朋友，網路上的她看起來生活頗為完美。我們通電話，我對她說我很為她感到高興，而她卻回答：「我上星期才被解僱，我現在非常沮喪。」無論你怎麼想，每個人都在打一場自己的人生硬仗。

・別人可能也覺得你的生活非常棒

如果看到別人多采多姿的生活而心情低落的話，想像一下他們又是怎麼看你的生活吧！你有機會讓你的貼文看起來真誠而且反映你現在實際的狀況——好壞都有。不要害怕把脆弱的時刻分享出來，你會發現，很多人都有同樣感受。

至於海倫現在如何選擇朋友，她找的是有良心而且有自覺的朋友來交往。「我比較喜歡不依賴酒精的人。我發現與人連結比我想得更需要心力，友誼及人際關係就已經要費盡心思了。」

海倫的新朋友團體最棒的一點是，他們之間有個默契，彼此可以坦誠、可以表現脆弱，因為他們知道這是療癒的核心。如果匿名戒酒協會成員願意參與，那麼，在日常世界中缺乏的人際分享與連結將會發生在這群人之間，免費，而且每天都有。

然而，並不是每個清醒過來的人都能交到新朋友，海倫說，其實仍要看個人。有時候比較難，因為有些人就是不能自在地說出自己的狀況。而海倫不想要浮泛的友誼，她比較想找的是自然而然就能了解與人連結之所以重要的人，「我從他們身上學到很多。」

我這個人天生內向，所以要是我自己一個人去一個完全沒有認識的人的場合，會覺得非常害怕！身為藝術與歌劇的愛好者，我去參加很多活動，想了解藝術贊助是什麼樣的狀況。我不想一概而論，這樣說吧，若把我的年紀乘以二，可能還是全場中最年輕的……在那裡的每個人好像都認識彼此，因為他們在紐約市的藝術贊助圈裡都已經混跡一陣子了。其中一個場合，我覺得非常孤單、格格不入，好像每個人都攜伴或者和一群人在一起，反正就是很難接近去談話。我會走上前去和別人說聲「嗨」，他們要不是不想與我聊，就是以為可以把外套交給我、向我點一杯飲料之類的。我開始發簡訊給我老公、我同事、任何我認識的人，看看有誰可以在最後幾分鐘趕來陪我。要是我早知道史考特．羅森鮑姆（Scott Rosenbaum）的新創事業就好了！

創造交友場域的獲利者

有些人開創的事業是幫助其他人在三項目標中選擇朋友。

社會上有一種對孤獨的汙名，在出租朋友網站創業之前，沒有其他選擇可以租借一個不牽涉到性的純友伴。

——史考特．羅森鮑姆（Scott Rosenbaum）
出租朋友（RentAFriend.com）網站創辦人

出租朋友（RentAFriend.com），是的，你沒有看錯，這是個專門讓你用錢買到純友伴的網站。史考特．羅森鮑姆於二〇〇九年十月在紐澤西的史都亞維爾開始這門網站事業，構想是來自在日本已經逐漸流行的租借朋友公司。史考特靈光一閃，他把同樣的模式搬到西方世界來。

出租朋友是給那些想找人一起看個電影、試吃新餐廳，甚至是買了票要去看運動比賽或音樂會，但不想自己一個人去的人。史考特說，理想的顧客是樂觀正面且心胸開放的人。很多專業人士是出租朋友網站的使用者，例如企業老闆、醫生或律師，可能有個工作場合想要攜伴參加；有些人或許是必須去另外一個城市，希望能僱用一個當地人來為他們導覽；有些人不想一個人去酒吧或餐廳，所以會約聘一個友伴陪吃或陪喝酒。

史考特認為現代人很難交朋友，因為每個人都很忙。經濟也不是頂好，大家的工作時數都拉長了，所以不像以前有很多時間可以社交，「我知道我對這一點是有些愧疚。」

史考特感嘆，對於交往中的人，往往有社會既定的價值觀。「我有很多朋友單身。最近才得知一個統計數字顯示，單身者的單身時間比以前更長了。但是才不到幾代之前，大家都是近二十歲，或二十出頭就結婚了。」人們被期待要有一個按部就班的人生，一份好工作、一位伴侶、一個房子等等。「但是，什麼都擁有是不容易的，所以大家通常就拿錢租一個伴，就當作是額外伴侶，這樣看起來人生似乎比較圓滿。」

出租朋友網站開張時，大眾有許多反彈。「大家說我對孤單的人占便宜，但是事情絕對不是這樣。事實上，大部分會員（付錢租用朋友的人）有許多真的朋友，有些人甚至還有穩定交往的對象。很可能在某些狀況下他們就是需要一個額外的純友伴，而我們這個網站就是為了滿足這個需求。」

我承認，我過去從來沒有租用過友伴（不過，我曾經和同事們一起出差，同事去交友網站找那個城市裡的對象，只在出差空閒那一天見面，帶他們在當地玩一玩，事前還特別聲明不是要找男女朋友），我們的文化中的確是有個現象：**大家在社交媒體上都和「朋友」很熟，但是卻離「友誼」愈來愈遠**。

用科技交朋友

科技使得交新朋友更容易，有很多應用程式可以協助破冰。日本有一款新的應用程式叫做 Tipsys，是設計來幫助需要朋友的日本女性。Tipsy 僅限於女性之間的純友誼，可以搜尋地點、興趣愛好等等，甚至還有飲料偏好。這個應用程式唯一禁止的就是釣出約會對象，所以任何使用這個應用程式來找戀情的，將會被刪除帳號。

在美國，約會應用程式 Bumble 及 Tinder 已經推出 Bumble BFF 及 Tinder Social，專門給尋找友伴的使用者。Hey!VINA 是專給女性的交友應用程式；還有 Me3，因為兩個人是約會，三人就成群了，這個應用程式協助你找到與你有同樣興趣、目標及個人特質的新朋友，不會被「謝謝再聯絡」。Me3 的使用者會被問到一連串像在參加益智節目般的問題，包括個性、生活模式及信仰，然後被配對到不同的部落裡。

如果你在尋找新朋友，試試看這些交友應用程式：

・**MEETUP**

不論是葡萄酒愛好者或是健行熱愛者，世界上數千個城市有不同的 meet-ups 社群可供選擇。

・NEXTDOOR
交換社區鄰里資訊，向鄰居尋求各種居家服務的建議。

・PEANUT
媽媽們安排見面聚會，以及為小孩約玩伴。

・SKOUT
即使只是剛好造訪那個區域，也可以用它來認識新朋友約見面，適合經常旅行的人。

・NEARIFY
提示你周圍有什麼活動正在舉辦。可以看看人們參加什麼活動，並有客製化的推薦，讓你輕鬆找到週間或週末活動來參加。

・MEET MY DOG
看看有哪些狗在你附近的區域活動，與主人聊天並安排狗狗的聚會。

朋友一直都在

我其實想要在「選三」裡更常選擇朋友。我非常感謝生命中的朋友，陪伴我去演講的場合，或是身為東尼獎評審而必須去看的戲，因為他們知道我只有這些時間才能與朋友在一起。同時我也知道，目前我所處的人生階段有幼兒及事業需要我全力關照，所以沒辦法如我所願地把社交排在優先順位。但我想，萬一我朋友有什麼緊急情況需要我，我一定會站出來為他們做點什麼，就像艾美的朋友那樣，是真的救了她的命；或者是像海倫尋找的朋友，能夠在她追求更健康的生活時給予協助。我希望，長遠來說我可以更頻繁地選擇朋友這一項，平衡一下生活，也許茱莉或蘇珊能夠提供我一些訣竅。不過話說回來，我也可以隨時租用友伴，雖然我真正的朋友已經非常棒了。這就是「選三哲學」的美妙之處：我們是把眼光放遠看長期。

於此同時，如果你看到這裡，已經寄簡訊、郵件、臉書訊息或是其他給我而我還沒有回覆，你知道我會看到的，我也會盡量回，這可能會花十年時間，但是我不會放棄朋友的。所以，朋友們，拜託不要放生我！

3

選出你的三項

Picking Your Three

我喜歡數字（我是個數據控），所以我自作主張地計算了「選三」的所有不同組合。這個數字是幾十個嗎？還是幾百個？就猜是十個吧！沒錯，「選三」只有十個組合。這表示，要把十種都試過是完全做得到的。把這十種組合全部列出來，嘗試看看怎麼做最適合你：

- 工作、睡眠、運動
- 工作、睡眠、家庭
- 工作、睡眠、朋友
- 工作、運動、家庭
- 工作、運動、朋友
- 工作、家庭、朋友
- 睡眠、運動、家庭
- 睡眠、運動、朋友
- 睡眠、家庭、朋友
- 運動、家庭、朋友

這樣分解之後，三項目標似乎就更能做到，不那麼可怕了！

記得，如果你企圖每天五項都選，幾天之後你也許就會沒力（這可能就是為什麼你會讀這本書的原因）。想達到完美平衡的壓力，甚至會導致你飲酒、購物血拼、發情緒化的簡訊，或者吃掉整個巧克力蛋糕（我不是以自己的經驗來說喔）。我很抱歉這麼直白講，我知道你是個非常有能力的人，但是大部分人沒有辦法蠟燭好幾頭燒。不相信嗎？這可是有非常多科學證據的支持。

《哈佛商業評論》發現，比起短時間做出許多小型成果，在較長的時間裡完成多工的人比較快樂。某個實驗中，學生被要求用不同種類的糖果來做一系列工作。有一組列表的任務很多樣，例如評估小熊軟糖的口味、給雷根糖取名字，或是排列M&M的顏色，另一組只要用一種糖果做一項工作。所有參加者都有十五分鐘來完成這個工作，接著便測量他們的開心及生產力的程度。注意了，花十五分鐘做同樣工作的學生，比那些花同樣時間做許多不同工作的學生，前者覺得比較有生產力，也比較開心[31]。

甚至還有一個「重複及多樣」的研究發現，一間日本銀行的員工在短時間之內切換不同種類的工作，比起同時間只做一組類似活動的員工，前者比較沒有生產力。研究顯示，切換工作內容會耗損認知資源，並用掉記憶空間，結果會讓人更覺得有壓力，並且限制了專精於

31 Etkin, Jordan and Cassie Mogilner, "When Multitasking Makes You Happy and When It Doesn't,"Harvard Business Review, February 26, 2015. https://hbr.org/2015/02/when-multitasking-makes-you-happy-and -when-it-doesnt

某項工作的能力。所以，在短時間內增加活動的種類，工作者會覺得比較沒有生產力，因而降低了快樂程度[32]。

還有相當多的其他研究顯示，快樂和多工兩者之間具有直接的負相關。所以，選擇三項目標（也就是二十四小時內只專注在三件事情）是可行的！當你把大腦設定在只完成某些事項，你不只會比較成功，心情也會比較好。

說到這裡，如果你堅持只選三項，只要一個月時間就會發現，你可以做到這十種組合三次！人生中的五大面向，每一項都得到有品質的關注，同時還保持在有壓力也有快樂的水準，我說這不是很值得嗎？

待辦清單，變成辦完清單

沒有什麼規劃技巧比待辦清單更讓我討厭了。老實說，待辦清單只不過是一張列表，列出一大串你還沒做到的事情，顯示了你有多麼無能。清單上的工作直瞪著你的臉，直到你羞愧到不得不去做，或是乾脆說「算了」，承認這些事情永遠辦不到。

你是不是也曾經有過這種感覺？

有些人完全不同意我，這些人非常喜歡待辦清單。喜歡那種一項項劃掉的滿足感，而且覺得完成了某件事。這些人的收件匣數目可能是零，桌面很乾淨，身材非常完美。不過即使是這種人，也能受益於「選三哲學」。

我的收件匣數目永遠不會是零，那就是我必須面對的現實；就像我的桌面永遠不會乾淨到很完美，或是能找到成對的襪子。我把這兩項特點歸納成一個理論，那就是「混亂」等於「創造力」（至少我是這樣告訴自己的，晚上才能睡得好一點）。

每天都選擇三項目標專心做，突然之間，困難無比的「待辦清單」就變成「辦完」清單，給自己一些掌聲。不過若你想讓這件事能長期堅持，你會需要督促自己。這表示你需要追蹤你的進展，也表示你需要把你的「選三」記錄下來。

---

32 Staats, Bradley R. and Francesca Gino, "Specialization and Variety in Repetitive Tasks." http://public.kenan- agler.unc .edu/Faculty/staatsb/focus.pdf

記錄你每天的優先選項

將每天的優先選項記錄下來，一週之後把數字加起來看看，並問自己：

- 在這一週當中，你選擇工作幾次？
- 在這一週當中，你擁有幾次完整的睡眠時間？
- 在這一週當中，你選擇家庭幾次？
- 在這一週當中，你運動了幾次？
- 在這一週當中，你選朋友幾次？
- 哪個項目你選了不超過三次？
- 如果有，那是正常狀況嗎？還是這週比較特別？
- 有哪一項你選了超過五次嗎？
- 如果有，是你通常這樣，還是這週發生了某個特例？
- 你想達到的目標，與實際上做到的，有何不同？
- 你希望下一週怎麼做？維持原樣？還是改變？

從這裡開始就好玩了。你可能已經知道你是屬於投入者、篩選者、超級英雄、革新者、或是獲利者，但是如果你還在自我發現階段，那就看看周圍的人，協助你了解自己落在哪一型。有時候往外探尋比自我發現還容易，所以，可以試著找出你人生中其他平衡得很好的人，看看你最像誰。

指出你認識的人，以及他們是什麼角色

工作

- **工作優先的投入者**：他們如何能經常工作優先？有哪些支持系統來協助他們？
- **放下工作的篩選者**：這是自己選擇的，還是不得不然？他們如何分配時間？
- **另起爐灶的革新者**：是在什麼樣的情景或警示下，使他們明白到自己必須改變？
- **不是為自己工作的超級英雄**：心愛的人如何影響了他們的事業目標？
- **創造工作服務的獲利者**：他們如何把對於職場的熱情轉變成為一門生意？

睡眠

- **睡眠優先的投入者**：他們如何獲得充足睡眠？
- **放下睡眠的篩選者**：必須放下睡眠的時候，他們如何保持正常清醒的狀態？
- **開始重視休息的革新者**：讓他們耗盡心力的警鐘是什麼？
- **不是為自己而睡的超級英雄**：是誰讓他們缺乏睡眠？這個狀況是長期還是短暫的？
- **創造休息假期的獲利者**：他們如何把睡眠轉變成一門生意？

家庭

- **家族優先的投入者**：他們如何經常把家庭放在優先？
- **放下家庭的篩選者**：誰為他們填補了家人的位置？
- **走出家庭失落的革新者**：他們遇到什麼樣的障礙？如何重建？
- **將自我奉獻給家庭的超級英雄**：他們如何改變家庭規劃，以因應所愛之人的需求？
- **創造陪伴的獲利者**：他們如何把家庭的功能轉變成一門生意？

運動

- **運動優先的投入者**：他們如何能經常把運動放在優先？
- **放下運動的篩選者**：他們是否有健康的生活模式？
- **克服困難的革新者**：他們克服了什麼挑戰？如何做到的？
- **不是為自己運動的超級英雄**：心愛的人如何影響了他們的目標？
- **創造運動信念的獲利者**：他們如何把運動轉變成一門生意？

朋友

- **朋友優先的投入者**：他們如何能夠讓這份關係如此具有意義？
- **放下朋友的篩選者**：誰為他們填補了朋友的位置？
- **重新打造人際關係的革新者**：他們必須克服什麼樣的友誼挑戰？如何做到的？
- **真正為你好的超級英雄朋友**：心愛的人的需求如何影響了他們的友誼？
- **創造交友場域的獲利者**：他們如何把朋友轉變成一門生意？

那麼，你是誰呢？這些問題可以在任何面向裡作答，無論是工作、睡眠、家庭、運動或朋友。現在先從一項開始，發掘出你為何以及如何在自己的生活中，把那些特定領域排在優先順位。但是記得，你今天是什麼樣子，不代表你明天一定要一樣！所以，要持續回來回答這些問題，重新評估你實踐的情形。

作為「投入者」

- 有沒有哪個面向你不斷選擇，每週次數超過五次？
- 你投入心力在這個領域，不是因為你必須這樣，而是因為你想要這樣？
- 你的家人和朋友同意你的評估嗎？
- 你從這個領域有獲得喜悅、自豪，以及（或是）滿足感嗎？

作為「革新者」

- 有沒有哪個面向你一直選，但是必須承認有點辛苦，有點掙扎？
- 你最近是否正在經歷重大生命改變事件，迫使你必須把某個以前並不放在優先的領域排進優先順位中？
- 你的優先順位，看起來是否和幾個月前有所不同？或是和幾天前不同？
- 你是否會說，你必須花些時間把這項目標大幅調整過來？

作為「超級英雄」

- 你是否為了所愛的人或是某項人生重大事件一直選某個面向？

- 如果你完全有自由為自己做選擇，這個領域是否不同於你想要選擇的？
- 你是否有時候會覺得是這個領域在選擇你，而不是你選擇它？
- 你是否曾經驚訝於自己在這個領域的能力，或是曾用新的方式把它排進優先順序？

作為「篩選者」

- 有沒有哪個面向，你每週選的次數不超過三次？
- 你減少這個領域是否出於自己的選擇？
- 減少選擇這個領域，是否讓你覺得會有比較多的時間專注在人生其他層面上？
- 你是否經常發現，透過刪去法來做決定比較容易？

作為「獲利者」

- 你是否持續在幫助別人過得更健康而且輕鬆自在地生活，並以此為你的優先排序？
- 你是否幫助別人成為任何一項領域的投入者，並從中賺到錢？
- 你是否從幫助別人選擇這個領域而得到滿足感？
- 顧客是否願意為你的願景買單？你是否提供一項服務，是人們願意付錢來協助自己把某項特定領域排在優先順序中？

前述每大項之下的四個問題，如果每一題你的回答大部分或全部都是「是」，那麼恭喜你！有些人完全就能指認出自己是某種人格類型，有些人則是結合幾種類型。不管是哪種情況，現在你知道自己是屬於哪個類型了（至少今天）。這就是「選三哲學」的美妙之處，明天就可以全部改變。每一天，你都可以重新創造你自己，同時又把事情做完做好！充滿自信又幹練！

如果你覺得自己的三項目標以及你是什麼類型的人有大幅改變，那完全沒問題。也許你是個「週末投入者」或「暑假革新者」或「星期一就排除某個選項」的人。你可以有很多不同樣子，而且人生的各種階段也會影響你的「選三哲學」。

假如你一輩子每一天都選同樣三項目標，天哪，那會有多無趣（而且不健康）！這就是為什麼要一再檢視，並且一段時間之後就拿這些問題來問自己，確認自己知道你的目標及優先排序要如何改變。

我相信，許多人會想當睡眠優先的投入者，很棒！只要你確實有認真在睡覺。選擇你的三項目標時，一定要對自己非常坦誠。說自己是什麼樣子，但實際上並不是，那對任何人都沒有幫助。正確指出自己的強項和弱項，以及自己太投入哪一方面或忽略了哪個部分，這是最重要的要訣。每個人都在建立自己的狀態，所以不要再有愧疚感，不要假裝你是某個根本不是你的人。「選三」的要點就是讓你可以平衡，符合你的生活模式，而且是真正的你。

如果你像愛倫．德沃斯基一樣是個放下家庭的篩選者，可能對你來說，選擇家庭就沒有那麼重要，這是沒有關係的。不過，刪去某個領域後必須確定其他需要有被滿足，例如與朋友相處的時間、運動程度等等。還有，即使你並沒有自己的小孩，可能也有其他家庭成員等著你打一通電話或發個簡訊給他們，畢竟這本書並不是叫做「選一哲學」。

為了能夠自豪於我們能做到的事，一定會有一些犧牲，尤其是現代許多企業界人士選擇擁抱這種高科技、高壓、高度投注心力去維持的生活模式。但是，犧牲不一定是令人痛苦或掙扎。「選三哲學」讓你可以選擇什麼時候及為什麼你想投入某項，而捨棄另一項。

現在似乎也是個好時機來說明，你的五大面向可能和我不一樣。我選擇工作、睡眠、家庭、健身及朋友，是因為我的人生中每一件重要的事都能輕易被歸類在其中一項。「選三哲學」這種生活模式，比較像是允許你自己可以專注及投入，為你清出空間來實現你的夢想，而不是限制在這五大面向中。有些人可能會把旅行視為重要的面向；對某些人來說，社會公益的重要性勝過其他；有些人可能會說，心理健康比什麼事情都重要。你的五項甚至可以是：影音網站、學校、墨西哥塔可餅、約會、瑜珈。無論你自己的三項目標是什麼，你還是不可能每一天都把所有項目全都做得很好。

挑戰看看

和我一起接受挑戰，每週試一項訣竅。

既然我們每天都只能選擇三項，當然有些優先排序的領域我們會做得比較好，而其他領域，唉，需要再加強。幸好，我訪問過的專家把英明的智慧傳遞給我們，讓我們能努力多選擇某些被我們「遺忘」的領域。

工作

- 試試看瑪麗喬．費茲傑羅的推薦，在上班日安排短短的休息時間。如果需要的話，設定日曆提醒自己離開工作桌十分鐘去走一走、喝個水，或是看看不同景色。我們的大腦需要休息時間，才能有最好的表現。
- 或更好的，照泰德．依坦醫師的建議邊走邊開會，而不是坐在會議室或咖啡館。
- 無論你是工作優先的投入者、放下工作的篩選者，或是處於兩者之間，聽聽梅琳達．亞隆恩斯及凱倫．祖克柏的建議，一定要有別的領域來投注你的能量，例如興趣、慈善機構、課程或是新的技能，在你未來的履歷上加分！
- 想想事業中的某些讓你覺得失敗的時刻，然後自問：「如果是芮希瑪．索雅妮，她會怎麼做？」重新定義失敗，改弦更張再出發，邁向成功的道路。

- 如果你需要幫忙才能循著你的事業目標或副業，可以採用葉提娜建議的方法來督促自己，設定三十天目標，或是一百天目標，並且盡量把你的終極目標告訴很多人。

睡眠

- 試試阿瑞安娜．赫芬頓的建議，「把你的手機送上床」，睡覺時手機放到另一個房間。（或是，如果你沒辦法離你的電話那麼遠，試試讓它在房間另一頭充電，這樣你就不會每兩秒就去看一下手機。）
- 布萊恩．哈利根的建議是，擺一個懶骨頭椅讓你在白天睡個二、三十分鐘，來個元氣補眠。
- 計畫一次假期，主題是休息和放鬆。無論是在麗莎．盧多芙－裴洛的某艘名人郵輪上，或是三溫暖度假會館，甚至是在家度假也很好。
- 採用潔妮．朱恩的建議，一場認真的運動或是一頓大餐，應該要在睡覺時間至少三個小時前。

家庭

- 在家庭時間和工作時間之間設下清楚的界線。由於科技的關係，我們無時無刻都在工作。工作上沒有人會為你設下界線。你要自己設下界線，然後好好遵守！
- 如果你在考慮像露絲．載芙或布莉琪．丹尼爾一樣和家人一起工作或是為家人工作，投入之前要先想過優缺點，因為牽涉到家人一定會有比較多利害關係。
- 如果你的原生家庭沒有提供一個健康的關係，或是地理上距離太遠，試試透過精神信仰、社群、宗教來尋找「家庭」。
- 記得，家庭是你自己的決定。你不必解釋自己，不必為你的決定辯護，或是對任何事有罪惡感。
- 如果你是留在家照顧家庭的父母，要像蘭姆雅．庫瑪那樣找出令你開心的小事物。可以玩開一點，再過一次童年。

運動

- 開始運動的好方法是，把它變成社交活動。參加課程、與朋友散步，或是像珍妮．傑瑞克那樣和你的伴侶一起運動，或是使用像inKin那樣的任務型工具，讓別人為你加油打氣。

- 跟隨健身專家東尼．霍頓的建議，設定一個長期目標，還要有每天的小目標來幫助你達到長期目標。減重的長程計畫、跑完一場馬拉松，或是活得更健康，都是從一小步開始與結束的。
- 布萊恩．派崔克．墨菲的信念是，你要找到一個社群讓運動變有趣，這樣你就更能夠持續去做！還有，為了達到健康及身材的最佳效益，焦點也要放在飲食上。
- 記得，這個項目包括許多和健康相關的事物：心理上的健康、情緒上的健康、壓力程度、上癮的戒斷復原、正念觀照。不只是在健身房用器材練身體而已。所以，不要忽略在體態與身心方面的健康都很重要。
- 提姆．波爾說得很好，他說所有運動目標都需要有一個「為什麼」來讓你持續有動力。如果這個「為什麼」是與愛自己有關，那麼你就比較有可能長期堅持下去。
- 定期寫下你的運動內容，或是以應用程式記錄下來，當作是督促自己的方式。

朋友

- 蘇珊．麥佛森推薦的方法是，確認自己每天都簡單問候一些朋友，就算只是簡訊寥寥幾個字，打聲招呼也好。

- 如果你在一個新城市、新工作，或新情境，科技能夠在交新朋友這方面幫上大忙，並且讓你和現有的朋友保持聯絡。
- 要小心和朋友一起做專案。我並不是說不要這樣做，只是要確定你想得夠清楚，而且考慮過如果合作不順利會發生什麼事。
- 盡量多找機會讓自己去認識志同道合的人，無論是報名一門課程，或是出席聚會、做志工、參加一個組織，甚至只是眼睛從你的手機離開兩分鐘也行！
- 如果友誼變得有害無益，或是發展到無法收拾的地步，那就結束它。這段友誼在你人生中有著什麼樣的意義，你要感激它，然後結束這個篇章，翻到下一頁。生命太短暫了，不值得花在不支持你及你的目標的人身上。

讓我知道你的進展如何，可以用 Instagram 或推特標註我（@randizuckerberg）並加上「#pickthree」。

歡迎你使用這個嶄新的方法重塑你的生活——這樣的生活是基於你的決定、你的選擇、你的「選三哲學」。這個方法對我有用，希望對你也同樣有用。為了這一點，請笑納我的送別俳句！

平衡？不是我的事
我寧願投入
追求我的夢想

你不能擁有全部
至少是，不能在一天之中
我？我就只選三項

無論我選擇工作
朋友、運動、睡眠、家庭
我都是在選擇我自己

致謝

我知道這整本書都是我的「選三哲學」，但是到了感謝的時刻，我不可能只選三個人。

工作：萬分感謝 Dey Street team，這是出版界最棒的團隊！特別感謝麗莎・夏基（Lisa Sharkey），我的同夥、社交媒體智多星，以及三本書的創意繆思女神。並感謝愛莉莎・舒維梅（Alieza Schvimer），我的特任全權編輯，她用編輯催促作者的那種獨門方式，一路敦促我，要我每天的三項目標都選擇寫這本書。另外還要感謝琳・葛蘭蒂（Lynn Grandy）、安娜・莫塔格（Anna Montague）、班・史坦伯格（Ben Steinberg）、肯卓・牛頓（Kendra Newton）、海蒂・瑞切特（Heidi Richter）、瑟琳娜・王（Serena Wang）、芮納塔・迪歐利維雅（Renata De Oliveira）及沐塔茲・穆斯塔法（Mumtaz Mustafa）。

睡眠：感謝我的文學經紀人安德魯・布隆那（Andrew Blauner），有了這位最會照顧人、最聰明的出版經紀人站在我這邊，讓我晚上睡得好多了。

家庭：滿滿的感激要獻給我的丈夫布蘭特．托瓦瑞茲基（Brent Tworetzky），他現在忍受我是個寫作隱居者，我想寫的書比他過去和我約定的還要多很多。感謝我的兒子艾許（Asher）及希米（Simi）每天都讓我深受啟發。感謝我的公婆，瑪拉及伊隆．托瓦瑞茲基（Marla and Eron Tworetzky），挑燈夜戰幫我校對書稿。還要感謝我自己的媽媽，凱倫．祖克柏（Karen Zuckerberg），因為她如此勇敢而真誠地接受我的訪問。

運動：為了這本書，短短幾週之內我訪問了超過四十人，我非常感謝這些人敞開心胸及時間給我，願意真誠開放地分享他們的故事。我又哭又笑，學到許多。謝謝你們！

朋友：我也非常幸運能擁有一群同事，我也把他們視為我的好友。萬分感謝吉姆．奧古斯丁（Jim Augustine）、史提夫．安德森（Steve Anderson）、艾瑪．潘瑞雅博（Emma Pendry-Aber）、吉薩．貢薩雷斯（Jesus Gonzalez）、亞倫札．馬丁尼茲（Aranza Martinez）以及JonesWorksPR整個團隊，在整個過程中從旁協助。

娜塔夏：你值得一個專屬的分類，娜塔夏．列文（Natasha Lewin），感謝你，你是一個最棒的夥伴、研究者以及同事，令人夢寐以求的女孩。從你在韓國的飯店大廳和我一起寫作，到數不清次數的FaceTime視訊，一同編寫訪問稿，沒有你就沒有這本書，謝謝你。

Beyond 016

選 3 哲學

聚焦 3 件事，解決工作生活兩難，搞定你的超載人生

作　　者／蘭蒂・祖克柏（Randi Zuckerberg）
譯　　者／周怡伶

責任編輯／陳嬿守
主　　編／林孜懃
封面設計／陳文德
內頁排版／張庭婕
行銷企劃／盧珮如
出版一部總編輯暨總監／王明雪

發 行 人／王榮文
出版發行／遠流出版事業股份有限公司
地　　址／104005 台北市中山北路一段 11 號 13 樓
電話／(02)2571-0297　傳真／(02)2571-0197　郵撥／0189456-1
著作權顧問／蕭雄淋律師

2019 年 2 月 1 日 初版一刷
2022 年 11 月 15 日 初版五刷
定　　價／新台幣 360 元

I S B N／978-957-32-8442-0

YLib 遠流博識網　http://www.ylib.com　E-mail:ylib@ylib.com
遠流粉絲團 https://www.facebook.com/ylibfans

國家圖書館出版品預行編目 (CIP) 資料

選 3 哲學 : 聚焦 3 件事 , 解決工作生活兩難 , 搞定你的超載人生 / 蘭蒂 . 祖克柏 (Randi Zuckerberg) 著 . -- 初版 . -- 臺北市 : 遠流 , 民 108.02
面 ; 公分
譯自 : Pick Three : You Can Have It All (Just Not Every Day)
ISBN 978-957-32-8442-0(平裝)

1. 職場成功法 2. 生活指導
494.35 107023535